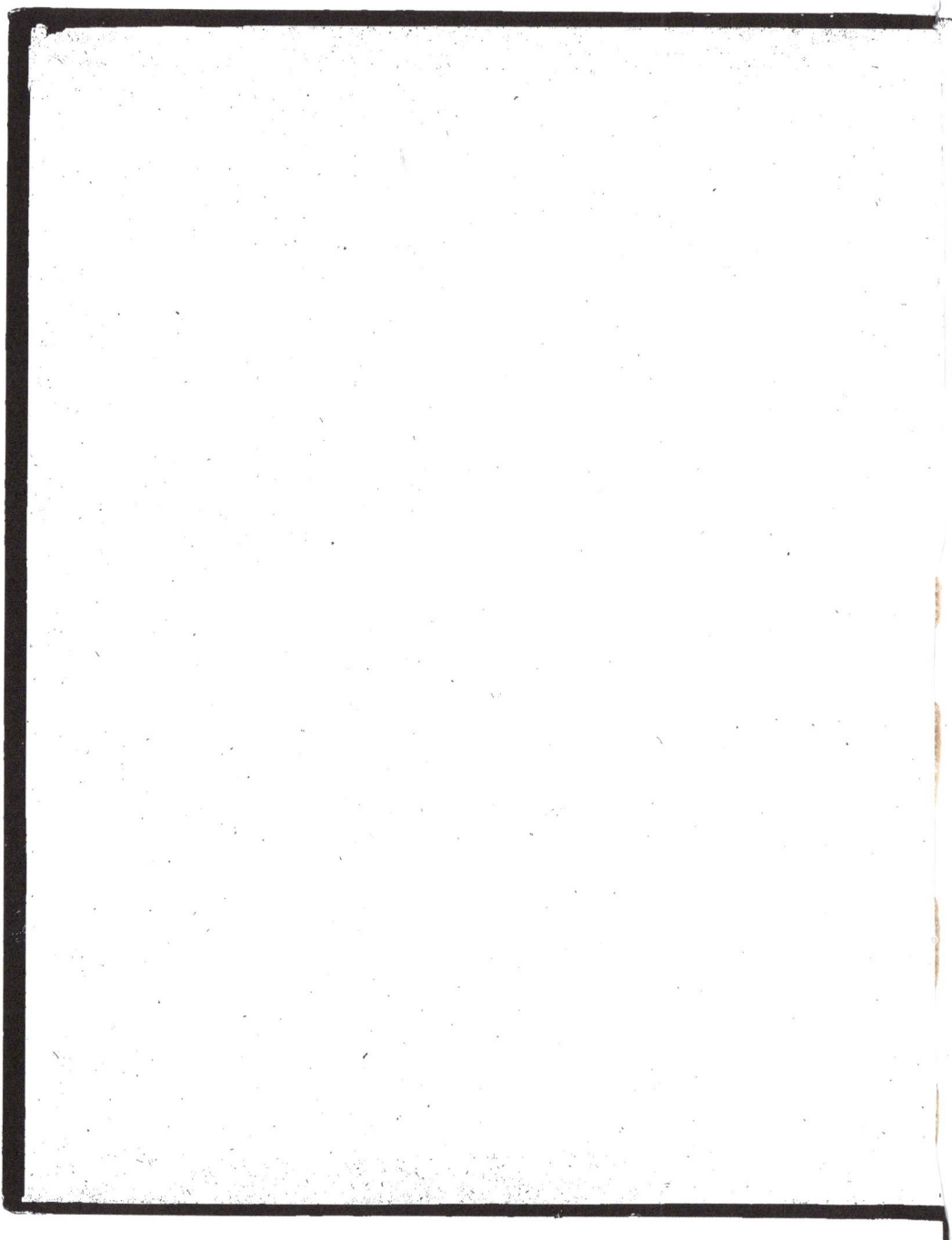

PROJET

D'UN

CHEMIN DE FER

DE

LONS-LE-SAUNIER A CHALONS-SUR-SAONE,

PRÉSENTÉ

PAR M. J. CORDIER,

DÉPUTÉ DU JURA.

A PARIS,

DE L'IMPRIMERIE DE BOURGOGNE ET MARTINET,

RUE JACOB, 30.

PROJET

D'UN

CHEMIN DE FER

DE

LONS-LE-SAUNIER A CHALONS-SUR-SAONE.

Conseil général du département du Jura.

Séance du 3 Septembre 1840.

Présents : MM. AYMÉ, BONNEMIE, BÉNIER, BONZON, BOURCET, CATTAND, CHAVELET de RAZE, CHEVILLARD fils, COLOMB, CORDIER, député, DELESCHAUX, GRÉA, GUÉRILLOT, JEANNEZ, JOBEZ, MATHIEU, MERLE, MONNIER-JOBEZ, MOREL, PAPILLON, SPICRENAEL.

Le procès-verbal de la séance d'hier a été lu, adopté et signé en séance.

Le conseil général a entendu le rapport suivant, qui lui a été fait au nom de la commission des routes.

MESSIEURS,

M. le préfet du Jura, par sa lettre du 1er septembre, vous a transmis la délibération du conseil général du département de l'Yonne, relative au projet d'un chemin de fer de Paris à Châlons,

1

par la Bourgogne, et vous, a invités à émettre un vœu sur cette grande entreprise.

Votre commission des routes a examiné avec une sérieuse attention la proposition qui vous est faite de contribuer au succès de ce chemin de fer ; elle vous soumet ses observations et un projet de délibération.

Messieurs, les chemins de fer, pour le transport des voyageurs avec une grande vitesse, qui étaient considérés, il y a moins de vingt ans, comme des rêves, plus tard, comme des objets de luxe, sont maintenant reconnus comme étant aussi nécessaires à la prospérité des peuples pendant la paix, qu'indispensables à la défense des frontières pendant la guerre.

Depuis que les prévisions des premiers ingénieurs sur l'avenir des chemins de fer ont été justifiées par l'expérience, tous les peuples civilisés s'empressent à l'envi de créer ces communications merveilleuses qui leur assurent une prospérité rapide, et une prépondérance politique croissante.

Dans cette carrière nouvelle, l'Angleterre et les États-Unis se distinguent particulièrement, et en ont déjà retiré des bénéfices incalculables.

Des lignes de chemins de fer traversent l'Angleterre dans toutes les directions, et lient la capitale aux divers ports du royaume. Deux cents chemins de fer sont achevés ou entrepris ; deux milliards ont été consacrés à ces dépenses, et tel a été l'accroissement donné aux ateliers des machines à vapeur, que l'Angleterre peut, chaque année, construire mille machines locomotives, deux cents bateaux de guerre à vapeur, et disposer du matériel nécessaire pour les armer, et des mécaniciens exercés pour les conduire. On doit reconnaître qu'en vingt ans sa puissance maritime a doublé, et que dans sa confiance en sa force nouvelle, son ambition est sans limites.

Aux Etats-Unis, des chemins de fer réunissent les ports du littoral de l'Atlantique entre eux et avec les villes des lacs Erié et Ontario, et avec les ports de l'Ohio et du Mississipi, à des distances de plusieurs centaines de lieues.

L'Allemagne, à leur exemple, la Belgique surtout, ouvrent des chemins de fer qui desservent les capitales et les principales villes de ces royaumes, et qui arriveront bientôt sans interruption, depuis Vienne et Berlin jusqu'à nos frontières, aux portes de Lille et de Valenciennes, à cinquante lieues de notre capitale. La France ne saurait rester plus long-temps dans un état d'infériorité, sous ce rapport, sans s'exposer à descendre du premier rang parmi les nations, où elle s'était élevée depuis quatre siècles, où elle s'était toujours maintenue, et sans accepter la qualification et les conséquences de puissance de second ordre que des peuples rivaux ont osé lui donner dans ces derniers temps, et voudraient faire admettre.

La construction des chemins de fer, en France, n'est plus seulement une question de commerce et de richesse, mais d'indépendance nationale. La France, sans un système complet de ces voies nouvelles, serait exposée aux invasions subites des armées étrangères, parce qu'elle ne pourrait disposer de moyens aussi féconds de défense et d'attaque.

Ces considérations ayant frappé tous les esprits, des associations se sont organisées pour établir de grandes lignes, de Paris dans diverses directions. Chacune d'elles a compris que le gouvernement, accordant des subventions et des faveurs aux premières compagnies, se trouverait bientôt dans l'impuissance de donner les mêmes encouragements, et que, dès lors, les nouvelles compagnies n'auraient aucune chance d'exécuter leurs projets et de conserver aux contrées qu'elles représentent le mouvement commercial qui, jusque là, les avait enrichies.

Par ces motifs, beaucoup de pairs, de députés et de propriétaires appartenant aux départements de l'ancienne Bourgogne et de la Franche-Comté, se sont réunis, ont nommé une commission, et ont résolu de faire dresser un projet de Paris à la Saône, et d'en poursuivre l'exécution dans le plus court délai.

Cette commission a reçu l'assurance de M. le président du conseil et du ministre des travaux publics, que ses efforts seraient secondés par eux, et que le projet de Paris à Châlons serait présenté à la session prochaine, si l'association avait préalablement rempli les formalités prescrites.

L'association se propose d'assurer l'exécution d'un chemin de fer de Paris à Châlons, en suivant le canal de Bourgogne, et de Châlons à Strasbourg, par Besançon. Elle a été informée que les populations de la Loire voulaient construire une ligne rivale de Paris par Orléans, Saint-Étienne et Marseille, qui attirerait tout le commerce du midi, au détriment des villes de Lyon, de Mâcon, de Châlons et de Bourgogne. Elle a résolu de convier tous les intérêts pour assurer le succès de sa grande et belle entreprise. Plusieurs membres de la commission du chemin de fer de Bourgogne, faisant partie du conseil général de l'Yonne, ont obtenu de ce conseil la délibération dont M. le préfet du Jura vous a transmis copie.

Le conseil général de l'Yonne exprime l'espoir que l'administration du Jura s'unira à celle de l'Yonne, par un vote analogue ou, tout au moins, par la manifestation d'une vive adhésion dans une circonstance où les intérêts des deux départements sont communs.

Ce conseil général a voté les dispositions suivantes :

« 1° Un crédit de 8,000 fr. est ouvert au budget de 1841 pour servir à compléter les études commencées d'un projet complet d'un chemin de fer de Montereau à Châlons;

» 2° Les terrains nécessaires, sur le département de l'Yonne, seront livrés par le département aux concessionnaires.

» Le prix d'achat de ces terrains sera, s'il y a lieu, avancé par le département; dans ce cas, les concessionnaires en opèreront le remboursement en quarante-sept ans, à raison de 3 p. o/o d'intérêt, et de 1 p. o/o d'amortissement.

» La somme à rembourser par les concessionnaires ne pourra dépasser 1,200,000 fr., le surplus restant à la charge du département de l'Yonne.

» Le conseil général de l'Yonne émet le vœu qu'une loi autorise le département à contracter, avec la caisse des dépôts, un emprunt de la somme nécessaire pour solder les terrains acquis en son nom ; il demande, en outre, divers autres avantages en faveur des concessionnaires.

La manifestation exprimée par le conseil général de l'Yonne, la volonté des populations de ce département, qui offrent de céder les terrains sans indemnité ou à des prix inférieurs à leur valeur réelle, tout semble assurer le succès du projet de ce chemin qui traversera ce département.

Le département du Jura doit souhaiter l'exécution de cette ligne ; mais à la condition qu'elle s'étendra jusqu'au centre du pays, et que l'embranchement de la Saône à Strasbourg passera par Dôle ; sans ces dispositions, tout le commerce entre Lyon et Strasbourg, entre la Suisse et Paris, délaisserait le département du Jura.

Il paraît donc indispensable que le département du Jura intervienne activement dans l'association du chemin de fer de la Bourgogne, et obtienne le tracé qui lui est le plus favorable.

Votre commission vous propose de demander que l'exécution d'un chemin de fer de Lons-le-Saunier à Châlons soit autorisée par le gouvernement, et que ce prolongement de la grande ligne de Paris à Châlons soit considéré comme partie intégrale et indivisible de la ligne principale.

Mais un simple vœu serait stérile ; il faut, de plus, un concours direct, efficace, pour que le gouvernement et les départements de la Bourgogne viennent en aide au département du Jura.

Votre commission vous demande de voter une somme de 3,000 fr. pour contribuer aux dépenses des études d'un chemin de fer de Lons-le-Saunier à Châlons, et de voter également 1,500 fr. pour l'étude de la ligne passant par Dôle. Ces sommes seraient payées aux associations qui se formeront pour diriger les travaux préparatoires, et qui, faisant partie de la grande association de la Bourgogne, exigeront que l'embranchement de Lons-le-Saunier soit compris dans la concession du chemin de fer de Paris à Châlons, et que la ligne de la Saône à Strasbourg passe par Dôle.

Après la lecture de ce rapport, le conseil général a pris la délibération suivante :

Le conseil général du Jura ,

« Considérant que la ligne du chemin de fer de Paris à Châlons-
sur-Saône et de Châlons à Marseille , à la Suisse et à Strasbourg , est
la plus nécessaire au commerce du royaume et à la défense des frontières ;

» Que cette grande entreprise, pour procurer tous les avantages
qu'on doit en attendre, doit être exécutée dans le plus court délai et
avec le moins de dépenses possibles; qu'il faut en conséquence suivre
le tracé des canaux, profiter des digues ou des terrains adjacents, et
confier les travaux à une association composée des propriétaires des
localités et de capitalistes ;

» Considérant que la ville de Lons-le-Saunier est sur la ligne droite
du pied du Simplon et de Genève à Paris; que le département du
Jura est sans défense contre les invasions des armées étrangères dé-
bouchant par la Suisse et la Savoie; que la ville de Lons-le-Saunier
a, dans son sein, un grand établissement de salines, et, dans le voisinage, des usines à fer qui consomment beaucoup de houille;

» Considérant que le Jura ne doit pas être imposé pour les chemins
de fer, si un embranchement n'est pas ouvert dans le département;

» Émet le vœu que le gouvernement assure l'exécution d'un chemin de fer de Paris à Châlons-sur-Saône , et de Châlons à Lons-le-
Saunier, en accordant à l'association qui se présentera pour la totalité
de l'entreprise , les conditions obtenues par les compagnies les plus
favorisées, savoir : une garantie d'intérêt à quatre pour cent, une
concession à perpétuité et un tarif suffisant;

» Le conseil général arrête, en outre, les dispositions suivantes :
1° Un crédit de 3,000 fr. est ouvert au budget de 1841 pour contribuer aux dépenses des études d'un projet de chemin de fer de Lons-
le-Saunier à Châlons, qui sera rédigé par une association;

» 2° Un autre crédit de 1,500 fr. est de même ouvert au budget de 1841 pour payer une partie des dépenses des études d'un projet de chemin de fer de la Saône à Dôle et à l'extrémité du département du Jura, en longeant la ligne du canal, le reste des frais devant être payé par l'association qui se chargera de faire dresser ce projet.

» M. le Préfet est prié de faire donner à ces associations communication des documents administratifs qui leur seront nécessaires. »

RAPPORT

SUR LE PROJET

DE CHEMIN DE FER

DE

LONS-LE-SAUNIER A CHALONS-SUR-SAONE,

PRÉSENTÉ

PAR M. J. CORDIER,

Député du Jura.

― ―――＞०००＜―――

§ 1. Nécessité pour la France d'établir un système complet de Chemins de fer.

Les chemins de fer bien tracés, en lignes droites, avec courbes de raccordement d'un grand rayon, avec pentes au-dessous de 5 millimètres par mètre, ont, sur les grandes routes pavées ou en cailloutis, la même supériorité que les belles routes sur les chemins vicinaux, en terrains naturels, avec pentes rapides. En effet, l'expérience apprend qu'un cheval, allant au pas, conduit, sur un chemin en fer, 25,000 kilogrammes, le poids des wagons compris; qu'il ne traîne sur une bonne route que 2,000 kilogrammes, et sur un chemin vicinal seulement 3oo kilogrammes.

Le succès des chemins de fer est surtout dû à l'invention et à l'application des machines locomotives employées comme puissance motrice, en remplacement des chevaux.

On sait que la force de traction d'un cheval diminue à mesure que la vitesse de sa course augmente; au trot, à raison de deux lieues par heure, elle est réduite à moitié; au galop, à quatre lieues par heure, elle est à peine d'un quart; avec une plus grande vitesse, à

2

cinq lieues par heure, un cheval ne peut plus porter que son cavalier, et seulement pendant deux ou trois heures par jour.

La force d'une locomotive ne s'affaiblit ni par la vitesse ni par le temps, lorsque les approvisionnements en combustible et en eau sont renouvelés ; le service sur les chemins de fer est partout établi avec une vitesse moyenne de huit lieues par heure, et souvent on atteint et quelquefois on dépasse douze et quinze lieues par heure.

Ainsi, un cheval de vapeur d'une locomotive opère en vingt-quatre heures, sur les chemins de fer, le même effet utile que 96 chevaux. Une machine locomotive de trente chevaux de vapeur remplace donc 288 chevaux.

Les chemins de fer procurant une grande économie de temps et de frais de transport, font nécessairement prospérer les fabriques et l'agriculture des contrées qu'ils traversent, et y attirent incessamment le commerce, l'industrie et les richesses. Les commerçants, par l'agrément et la rapidité des voyages, donnent la préférence, pour leur négoce, aux pays desservis par des chemins de fer, et délaissent les anciens centres de manufacture, où l'on n'arrive que par les routes ordinaires, chèrement et péniblement.

Les fabricants qui reçoivent par des chemins de fer, à proximité, les matières premières à meilleur marché et en moins de temps, peuvent livrer leurs produits à plus bas prix, et opèrent de nécessité, et selon leurs vœux, la ruine des établissements rivaux éloignés des chemins de fer, parce que ceux-ci ne peuvent soutenir la concurrence.

L'influence des chemins de fer pendant la guerre sera aussi puissante qu'en temps de paix. Les États traversés par un réseau de chemins de fer pourront en quelques jours, en quelques heures, porter des armées sur les frontières, et envahir les pays voisins dépourvus de ces admirables communications.

Les nombreux ingénieurs exercés à construire des chemins de fer et des machines locomotives sauront employer contre les places fortes des nouveaux moyens d'attaque d'un effet extraordinaire ; ils établiront aussi en peu de temps les machines d'un grand nombre de vaisseaux à vapeur, dresseront beaucoup de mécaniciens pour les conduire, et donneront incessamment à leur pays la domination des mers.

Dans cette nouvelle carrière de créations et de prodiges mécaniques, où toutes les nations civilisées entrent avec ardeur et en rivalité, la France ne saurait rester plus long-temps dans un état d'infériorité qui compromet son commerce, son repos, son indépendance : tout lui impose la loi de ne plus étouffer les éléments sans nombre de prospérité dont elle dispose; tout lui conseille d'écarter les obstacles souvent signalés qui paralysent les talents de cinq cents savants ingénieurs et le dévouement d'une population laborieuse, éclairée, généreuse, et jusqu'ici trop confiante. C'est à ce prix seulement que la France conservera, parmi les nations, le premier rang où elle s'est élevée par le concours et le noble dévouement de ses hommes de guerre et de génie, et où elle s'est maintenue avec une gloire immortelle pendant quatre siècles, malgré les fautes de ses ministres incapables, et malgré les coalitions, les machinations des gouvernements étrangers, envieux de ses prospérités, plus funestes par leur perfide amitié que par leur hostilité déclarée.

Parmi les grandes lignes de chemins de fer réclamées, le projet proposé de Paris à Châlons par la Bourgogne, et de Châlons d'une part à Marseille, et de l'autre à Strasbourg, a paru à tous les bons esprits le plus national. Il ne saurait manquer d'être incessamment entrepris, parce que les populations intéressées au succès se sont fait remarquer, à toutes les époques, par leurs lumières et par l'énergie de leur volonté et de leur patriotisme, et sauront briser les mille entraves d'une dictature administrative, les seuls obstacles à la prospérité des départements de l'Est et à la grandeur de la France.

L'exécution des projets de chemins de fer, également utiles, de Paris à Bruxelles, de Paris à Rouen, de Paris à Nantes, de Bordeaux à Marseille, etc., procurerait des avantages analogues aux arrondissements traversés.

Pour chaque entreprise, il faudrait des ateliers de construction et de réparation de machines locomotives, de diligences et wagons , et l'emploi d'une grande quantité de fer, de fonte et de matériaux divers. L'ensemble de ces travaux rendrait nécessaires les établissements de fonderie, de fabrication de machines, et des écoles nombreuses de mécaniciens, et procureraient, en matériel et en hommes , les moyens de construire, d'armer et de conduire un grand nombre de vaisseaux de guerre à vapeur, indispensables à la défense de nos côtes et aux opérations maritimes offensives.

On voit donc que de l'exécution des chemins de fer dépendent les prospérités de la France pendant la paix, son indépendance et sa gloire pendant la guerre, et que les adversaires, peu nombreux mais obstinés et très puissants, de ces entreprises, doivent être considérés comme les plus dangereux ennemis du pays.

§ 2. Nécessité pour le gouvernement de ne point exécuter les chemins de fer aux frais du trésor.

Les chemins de fer distribuent, pendant l'exécution des travaux, un million, terme moyen, par lieue, aux classes ouvrières des localités; ils assurent, dans le voisinage, la prospérité des fabriques et de l'agriculture, et attirent, par la rapidité et le bas prix des transports, le commerce acquis jusqu'alors aux contrées rivales et éloignées; ils opèrent dès lors une certaine perturbation dans les relations établies. Le gouvernement ne peut donc s'attribuer le pouvoir absolu, ni d'empêcher ces admirables créations, ni d'en doter quelques contrées au préjudice et aux frais de contrées rivales, sans s'exposer à la haine des populations déshéritées. Un exemple rendra plus évidentes ces observations.

Quatre projets de chemins de fer ayant été proposés de Paris à Lyon, le premier par Troyes, le deuxième par le canal de Bourgogne, le troisième par Autun, et le quatrième par la Loire; si le gouvernement donne lui-même la préférence à l'un de ces projets, en écartant les autres, il enlève à plus d'un million d'habitants le commerce dont ils jouissent, et il les condamne en outre à payer par l'impôt l'instrument de leur propre ruine. D'ailleurs, le gouvernement d'un grand État exécute lentement, chèrement, et achève rarement ; il n'entretient presque jamais, et le taux trop bas des tarifs qu'il établit appelle une circulation forcée, accroît la perturbation commerciale, et aggrave, sans compensation, les charges des contribuables des localités éloignées. A la première guerre, il suspend les travaux par suite de l'augmentation des dépenses publiques et de la diminution des ressources, et rend, en définitive, le pays stationnaire, relativement rétrograde, et compromet son avenir.

La prévoyance comme la justice imposent donc la loi au gouvernement français de montrer la même émulation et la même réserve que les gouvernements d'Angleterre, de Hollande, d'Allemagne, des États-Unis, qui protégent, encouragent et aident de leur concours, de leur crédit, toutes les entreprises productives de chemins de fer et autres, et qui savent rester neutres dans les débats entre des contrées rivales également ardentes à réclamer la préférence pour la direction des projets. Mais en France, entre le gouvernement et le pays, il s'est élevé, par les excès de la centralisation administrative, un pouvoir discrétionnaire sans limites, nuisible à tous, qui prétend disposer à son gré des revenus publics, et veut enrichir certaines contrées privilégiées en ruinant le plus grand nombre, et particulièrement les départements des montagnes. Ce pouvoir, par l'influence constante de ses erreurs, par ses excès involontaires et forcés, a enfanté toutes nos révolutions, et en provoquerait bientôt de nouvelles, si le gouvernement ne se hâtait pas de rétablir la législation tutélaire des travaux publics, donnée à la France par Henri IV, et que les gouvernements des autres peuples, plus attentifs et plus persévérants, ont su importer, perfectionner et féconder comme le plus puissant élément de force et de grandeur.

§ 3. Nécessité d'établir promptement un chemin de fer de Lons-le-Saunier à la Saône.

Le département du Jura, sans places de guerre, sans caserne au chef-lieu, sans défense contre les invasions de l'étranger, sans rivières canalisées, et dès lors sans fabriques et sans commerce, payant sans compensation, comme sans justice, pour tous les travaux du royaume, est forcé d'entretenir à ses frais, ou sans le secours du trésor, la plupart de ses routes d'ailleurs avec pentes rapides et presque impraticables. Il ne peut donc disposer d'aucune ressource certaine pour faire rentrer ce que les contributions diverses exorbitantes en font sortir par toutes les compressions de la fiscalité.

Le département du Jura, affranchi autrefois, comme les autres départements de la Franche-Comté, des impôts indirects, d'après le traité de la dernière réunion, est maintenant frappé de charges exceptionnelles. Le vin, la principale production qu'il exporte, soumis à quatre taxes différentes, est repoussé de la Suisse, le plus ancien et le plus favorable débouché, par une mesure de réciprocité contre nos lois de douanes imprudemment prohibitives au profit exclusif de quelques départements intérieurs, sous tous les rapports privilégiés. Le sel dont le Jura pourrait fournir la France et l'Europe pendant des milliers d'années, est payé par ses habitants un tiers en sus du prix fixé pour les populations éloignées des mines de sel gemme.

Le canal du Rhin au Rhône et les perfectionnements de la navigation de la Saône qui s'exécutent, ont déjà attiré la plus grande partie du commerce entre Marseille et Strasbourg, qui suivait autrefois les grandes routes du Jura et avait enrichi jusqu'alors les contrées riveraines. Avant peu d'années, ces améliorations navigables étant achevées, non seulement le Jura perdra les bénéfices du transit, entre Lyon, Besançon et l'Alsace, mais ses vins ne pourront soutenir la concurrence avec ceux du Midi, transportés en Alsace à bon marché, et ne trouveront d'acheteurs qu'au prix des frais de production. Il arrivera, dans un prompt avenir, que la valeur de tous les produits agricoles et industriels exportés du département du Jura, atteindra à peine le montant de tous les impôts. Dès lors ce département serait condamné à une ruine certaine, si l'établissement du chemin de fer projeté était ajourné. (*Voir la note A à la suite du Rapport.*)

Le chemin de fer de Lons-le-Saunier à la Saône est surtout indispensable au Jura, parce que le grand projet national de chemins de fer de Paris à la Saône et de la Saône à Marseille et à Strasbourg, achèverait, sans l'embranchement de Lons-le-Saunier, de détourner, de l'intérieur du Jura, le transport des voyageurs et des marchandises entre le midi et l'est de la France, entre Paris, Genève et l'Italie.

Le projet de chemin de fer de Lons-le-Saunier à la Saône, considéré d'une manière absolue, réunit de si puissants éléments de prospérité, qu'il serait incessamment encouragé et entrepris dans l'un des états comme l'Angleterre, la Hollande, l'Allemagne, les États-Unis, etc., où les améliorations productives appellent la sollicitude constante de leurs gouvernements, affranchis de l'intervention funeste et de la dictature des commis de leurs capitales.

L'arrondissement de Lons-le-Saunier possède les plus riches mines de sel (*voir la note A*), d'abondantes carrières de plâtre, de belles pierres de taille; cette ville est à proximité d'usines à fer, de mines de fer, de grandes forêts de haute futaie; elle est au centre d'un pays vignoble et peut fournir, à l'aide d'un chemin de fer, à l'exportation de deux cent mille tonneaux de produits et de marchandises. Cet arrondissement recevrait, pour la consommation des habitants et le roulement des usines à sel et à fer, de la houille et diverses marchandises d'un poids de quarante mille tonneaux. Un chemin de fer de Lons-le-Saunier à la Saône donnerait une grande valeur aux produits du sol et des fabriques, appellerait dans ces contrées l'établissement d'un grand nombre de manufactures, des ateliers de construction de machines à vapeur, des fabriques d'acide sulfurique et muriatique, de soude artificielle, de sels à base de soude, des verreries, etc., qui, consommant beaucoup de houille et de matières premières, augmenteraient les revenus de la nouvelle voie.

Lons-le-Saunier, où se terminerait ce chemin de fer, deviendrait le grand entrepôt des marchandises et surtout de la houille et des sels expédiés de la France à Genève, dans le pays de Vaux, le Valais et l'Italie. Les voyageurs se rendant de Paris en Suisse, arriveraient directement par la grande ligne de chemin de fer de Lons-le-Saunier, où des voitures les transporteraient en Suisse par la grande route d'Orgelet, Arinthod, Toirette, qui est praticable en toute saison.

Le trajet de Genève à Lons-le-Saunier pouvant se faire en dix heures, les voyageurs arriveraient de Genève à Paris en moins de vingt-quatre heures, et dès lors, ce chemin serait de plus en plus fréquenté.

Le chemin de fer de Lons-le-Saunier à la Saône servirait en outre à transporter rapidement, du centre de la France sur nos frontières de la Savoie et de la Suisse, des troupes chargées de défendre cette ligne ouverte à l'ennemi et qu'il a traversée plusieurs fois sans obstacle de 1813 à 1815, portant ses dévastations dans plusieurs départements voisins sans défense, et particulièrement dans ceux de l'Ain, de Saône-et-Loire et de la Côte-d'Or et jusqu'aux portes de la capitale. La France tout entière est donc intéressée à la prompte exécution du chemin de fer de Lons-le-Saunier à la Saône.

Il faut enfin faire remarquer que la ville de Lons-le-Saunier est un point stratégique d'une haute importance; les grandes routes de Lyon, de Châlons, de Dijon, de la Suisse, s'y réunissent, et le projet de chemin de fer passe aux pieds de l'ancien château fort de Mont Morot, qu'on rendrait presque inexpugnable, avec une dépense de trois millions. La montagne est un cône isolé, élevé en rocher dur, où les batteries, les casernes et les magasins casematés, seraient à l'abri de la bombe, comme les forts de Douvres et de Gibraltar. Ce fort et cinq autres établis sur les montagnes voisines, pouvant contenir, avec les camps retranchés, vingt mille hommes de gardes nationales du département, serviraient plus à la défense des départements de l'Est, que nos vastes places de guerre actuelles, dont la population bourgeoise de cinquante mille habitants, n'a jamais d'approvisionnements pour plus de huit jours, et que les places projetées dans les hautes chaînes du Jura. Il ne faut pas avoir des connaissances bien approfondies de l'art militaire, pour comprendre qu'une place de guerre, comme celle de Mont-Morot, embrassant un camp retranché, pouvant contenir vingt mille hommes de gardes nationales et établie aux pieds des montagnes, à la rencontre de grandes routes, dans un pays très fertile comme le canton de Lons-le-Saunier, est bien plus utile à la défense des frontières que des châteaux isolés, forts d'assiettes, disséminés dans les montagnes à l'extrême frontière. En effet, en cas d'invasion, l'ennemi fait irruption avec des corps nombreux et parfaitement approvisionnés, tourne facilement les forts de l'extrême frontière, ou les emporte de vive force; tandis qu'il ne peut arriver aux pieds intérieurs des montagnes que disséminé, fatigué, dépourvu de matériel, souvent en désordre, et n'oppose que moins de résistance aux attaques d'une garnison nombreuse, ayant pour base de ses opérations un camp retranché et un fort inexpugnable, et pour appui toute une population guerrière. La montagne de Mont-Morot et les forts voisins offriraient tous les avantages d'une grande place de guerre. En moins d'une année, on pourrait facilement transformer les ruines du château de Mont-Morot en château fort beaucoup plus étendu et plus utile que les forts de l'Ecluse et de Pierre Chalet, que l'ennemi peut tourner sans difficulté et sans danger, la garnison de quelques cent hommes de ces forts ne pouvant faire de sorties utiles.

Considéré sous les diverses faces que nous venons d'examiner, le chemin de fer de Lons-le-Saunier à la Saône ne saurait être remplacé par un canal de Lons-le-Saunier à Louhans, du reste fort utile, parce que la destination respective d'un chemin de fer et d'un canal est toute différente: l'un sert principalement au transport des voyageurs et des marchandises qui exigent de la célérité, l'autre au voiturage des matières encombrantes et de peu de valeur. D'ailleurs le chemin de fer de Lons-le-Saunier à la Saône, n'exigeant qu'une heure et demie pour le trajet des voyageurs, et deux heures pour le trans-

3

port des marchandises, serait généralement préféré au canal. Ainsi, le chemin de fer de Liverpool à Manchester voiture par an 250,000 tonnes de marchandises, quoiqu'il ait à soutenir la concurrence de deux canaux navigables ouverts entre les mêmes points.

D'après ce qui précède, le chemin de fer de Lons-le-Saunier à la Saône doit être encouragé par le gouvernement et promptement exécuté, dans le cas même où le chemin de fer de Paris à Châlons serait encore ajourné; parce qu'il faut au département du Jura des moyens de défense contre l'ennemi, et la possibilité, qui lui serait bientôt ravie, d'exploiter ses usines et d'acquitter des contributions plus lourdes qu'ailleurs, et parce que l'âpreté du climat des montagnes, les débordements des rivières délaissées dans l'état de nature, et l'infertilité des parties du sol en pentes rapides (voir la note B à la suite du rapport), lui imposent, sans compensation, des charges exorbitantes qui s'ajoutent à toutes celles des impôts publics.

§ 4. Du point d'arrivée sur la Saône du chemin de fer entre Lons-le-Saunier et la Saône.

Le chemin de fer de Lons-le-Saunier sur la Saône pourrait être dirigé, avec la même facilité, à l'un des ports de la Saône, de Tournus, Verdun, Seurre, et surtout Saint-Jean-de-Losnes, près de l'embouchure des canaux de Bourgogne et du Rhône au Rhin dans la Saône. Mais Châlons est à la rencontre de beaucoup de grandes routes, et au débouché du canal du Centre ou du Charollais qui communique avec la Loire et les divers canaux d'embranchement sur ce fleuve. Cette ville est en possession de l'entrepôt des marchandises étrangères, entre les régions du midi, de l'est, du centre et du nord de la France, et doit conserver les avantages qu'elle s'est acquis par une activité commerciale intelligente, et par sa sollicitude à vaincre les obstacles qui ont long-temps empêché l'exécution du canal du Charollais. Le choix d'un autre point d'arrivée, soit de Tournus, de Verdun, de Seurre ou de Saint-Jean-de-Losnes, porterait infailliblement, en peu d'années, dans celle de ces villes qui serait préférée, la plus grande partie du commerce de Châlons.

Par ces motifs, on doit compter que la ville de Châlons continuera à réunir ses efforts à l'intervention de la ville de Lons-le-Saunier, pour faire adopter le tracé proposé et assurer la prompte exécution de l'entreprise; nous en avons acquis l'assurance.

Châlons recevra, de Lons-le-Saunier, le sel, les bois et tous les produits agricoles et manufacturiers, et les voyageurs du Jura, de la Suisse et de l'Italie; il enverra en échange la houille, les métaux, les denrées coloniales et toutes les productions de l'intérieur en transit pour la Suisse et l'Italie.

Il faut aussi rappeler que les vastes projets de navigation dans Châlons, savamment étudiés par l'ingénieur de la Saône, M. Moreau, et qui ont été présentés à la sanction des chambres et votés par elles, doivent accroître incessamment l'importance de la ville de Châlons.

Le barrage proposé à l'aval de l'embouchure du canal du Centre donnerait un excellent mouillage de 1^m,60 dans le temps de l'étiage, jusqu'au barrage de Verdun; ainsi, les bateaux des trois grands canaux du Charollais, de Bourgogne et du Rhin au Rhône, pourraient parcourir la Saône, et passer d'un canal dans l'autre sans rompre charge. On éviterait ainsi les frais énormes de transbordement, et la suspension, plus funeste, de la navigation pendant plusieurs mois, chaque année, en raison du faible tirant d'eau actuel de la Saône, dans Châlons, aux abords de cette ville, et entre Châlons et Verdun.

Châlons étant à proximité des mines de houille, qu'on y transporte par bateau, et des mines de fer de la Bresse, paraît être le point très favorable pour l'établissement de hauts-fourneaux et d'ateliers de construction et de réparation de machines locomotives destinées à l'exploitation du chemin de fer. Enfin, Châlons ne peut manquer d'être le principal entrepôt du chemin de fer de Paris à la Saône, dont la ligne de Châlons à Lons-le-Saunier sera le prolongement.

Le point d'arrivée à Châlons du chemin de fer de Lons-le-Saunier à la Saône, est donc aussi bien justifié que le point de départ dans la ville de Lons-le-Saunier, au centre des salines et des carrières de gypse et de belles pierres à bâtir, et sur la ligne droite de Paris à Genève et à Milan par le Simplon.

§ 5. Direction et station du chemin de fer de Lons-le-Saunier à la Saône.

Les avantages d'un chemin de fer sont, en général, proportionels à la perfection du projet; plus le tracé approche de la ligne droite et de niveau, plus l'effet utile obtenu est assuré et considérable. Avec une pente de 4 millim. 1 2 par mètre, les wagons descendent par leur propre poids, ou par la force de la gravité; il faut alors à la remonte une puissance double de celle nécessaire à la traction d'une ligne de niveau. Avec une pente de 9 millimètres par mètre, la force de traction à la remonte doit être triple, et comme il faut enrayer à la descente, les rails sont rapidement dégradés et usés. Cependant, dans quelques cas exceptionnels, les dispositions d'une forte pente sont favorables : lorsque les wagons descendent chargés et remontent à vide; pour l'exploitation d'une mine, par exemple, on calcule la pente pour que la force de traction des wagons vides à la remonte soit la même que celle de la traction des wagons chargés à la descente.

Entre Lons-le-Saunier et Châlons, le nombre des voyageurs et la quantité de marchandises à transporter dans l'un et l'autre sens, devant être à peu près les mêmes, on ne doit s'écarter que le moins possible de la ligne de niveau, la plus favorable dans ce cas général; mais la perfection du tracé ne s'obtient qu'au prix de grands sacrifices. En Angleterre, où la population est dense, riche et paie chèrement l'économie du temps, on a dépensé, terme moyen, 560,000 fr. par kilomètre sur les chemins de fer maintenant en activité. Dans des circonstances contraires, aux États-Unis, où les chemins de fer ont beaucoup plus d'étendue et traversent des contrées désertes ou peu peuplées, où les produits ont moins de valeur, on est forcé d'admettre des courbes à faibles rayons, des pentes rapides d'un et deux centimètres par mètre, même des plans inclinés, pour diminuer les dépenses et faire descendre les intérêts des capitaux employés au niveau des produits présumés et des ressources des Compagnies.

En France, on s'attache à obtenir des chemins plus perfectionnés que ceux des États-Unis, sans tomber dans l'excès des dépenses des chemins de fer d'Angleterre ou des environs de Paris, et on doit se borner à n'établir qu'une voie, jusqu'à ce que l'accroissement du commerce procure les moyens de construire une seconde voie.

Le chemin de fer de Lons-le-Saunier à Châlons devant être, d'après nos convictions, très fréquenté et productif, nous avons cherché la direction la plus favorable, sous les divers rapports de l'art, du commerce et de l'intérêt des populations, en restant dans les limites d'une dépense première de seize millions, et en attendant pour compléter la seconde voie que les revenus nets, dépassant 5 pour 100, laissent, après le prélèvement des intérêts, une réserve assez considérable pour acquitter les dépenses.

Le chemin de fer partira de la grande station à la sortie de la ville de Lons-le-Saunier, dans la direction de la rue Neuve, en avant de la maison de l'octroi. Cette station comprendra la totalité des jardins des deux côtés du canal de dérivation des Salines. On ne construira préalablement que la moitié des édifices indiqués dans le projet présenté pour la station de Lons-le-Saunier.

On établira dans la plaine de Mont-Morot, au-delà de la station de Lons-le-Saunier, les chantiers de construction et de réparation des locomotives, diligences, wagons, les entrepôts de marchandises en transit pour la Suisse et l'Italie, les magasins de houille, de rails, etc.

De la station de Lons-le-Saunier, le chemin de fer sera tracé en ligne droite jusqu'à Courlans (1); il traversera les bâtiments de gra-

---

(1) Le premier projet que nous avons rédigé et qui est indiqué par un tracé bleu

duation des salines, désormais inutiles, et dont les matériaux seront employés aux constructions des magasins et chantiers; il empruntera au nord une partie de l'enceinte de la grande usine des salines pour faciliter l'arrivée des charbons et les expéditions des sels, et passera au sud du village de Mont-Morot, dont on ne démolira que deux maisons de peu de valeur.

A Courlans on ouvrira un petit souterrain qui diminuera la surface des terrains à acquérir pour le dépôt des terres des déblais, dans le cas d'une forte tranchée, et pour faciliter la circulation des populations riveraines.

De Courlans, la ligne sera dirigée sur le clocher de Nance, afin de coordonner le tracé aux dispositions du terrain, et de se rapprocher de Bletterans, Coge, Nance et autres lieux circonvoisins, où il existe d'abondantes mines de fer, dont le chemin de fer augmentera et étendra l'exploitation.

La ligne de Courlans à Nance sera coupée par le prolongement de la grande ligne droite tirée de Frangy à la station de Châlons, projetée sur la rive gauche, à l'aval de la ville, et à l'extrémité du nouveau pont en fer projeté à Châlons, au débouché, dans cette ville, du chemin de halage rive droite du canal du Centre. Les deux

---

sur le plan, partait de la même station à Lons-le-Saunier, se dirigeait dans la plaine, laissait la montagne de Mont-Morot sur la gauche, passait dans la gorge, au pied de la montagne, arrivait à l'étang du Saloir, traversait la montagne des Barraques par un souterrain, arrivait dans la vallée avant le village de Saint-Dizier, suivait les prairies jusqu'au Gravier, et entrait dans la vaste prairie qui s'étend sur les communes de Ruffey, Villevieux, Bletterans, Frangy, Sens, etc.

La ligne entre Mont-Morot et Saint-Dizier était établie sur les abondantes mines de sel et carrières de plâtre, et traversait les rochers de belles pierres à bâtir.

Mais ces avantages, très grands sans doute, étaient plus que compensés par le grave inconvénient d'un souterrain de 1,100 mètres d'étendue, et par de longues et profondes tranchées; ce qui nous a déterminé à y renoncer.

Nous n'avons joint ce projet que pour le comparer au premier, et justifier l'exactitude des nivellements qui ont été répétés entre les points extrêmes par les deux directions.

lignes droites seront raccordées dans la grande prairie de Ruffey, Villevreux, Bletterans et Sens, par une autre courbe ayant plus de 2,000 mètres de rayon, et moins de 2 millimètres de pente par mètre.

Entre la station de Nance et celle de Châlons, le chemin de fer, tracé en ligne droite sur une longueur de 33,500 mètres, avec pente maximum de 0^m,003 par mètre, traversera des monticules de terrains sablonneux, qui seront coupés, et de petites vallées qui seront remblayées avec les déblais des tranchées.

Quoique le projet, sur cette étendue, soit en ligne droite et presque de niveau, et calculé pour compenser les remblais par les déblais, il pourra être fait, dans l'exécution, des modifications partielles, soit pour satisfaire, d'après les enquêtes, le vœu des populations qui demanderaient le rapprochement de la ligne du centre des communes traversées, soit pour diminuer les dépenses en conservant des habitations considérables que le tracé coupe, et en coordonnant le nivellement aux plis des terrains sans dépasser la limite du maximum de la pente, fixée à 3 millimètres par mètre entre Nance et Châlons.

La grande ligne droite entre la station de Nance et celle de Châlons passera près du bourg de Saint-Germain, au point de jonction des routes de Lons-le-Saunier à Châlons, et de Louhans à Auxonne, et près des villages de Labergement et de Lessart et au sud.

La station intermédiaire à égale distance de Lons-le-Saunier et de Châlons, sera établie près de Saint-Germain, à égale distance de ces deux villes. C'est à cette station que les convois, partant à la même heure de ces deux extrémités, viendront se croiser et s'attendront réciproquement, afin que deux convois marchant en sens contraire ne cheminent pas sur la même voie en même temps. Ces précautions continueront à être observées jusqu'à ce que la seconde voie soit complétement achevée.

D'autres stations secondaires seront construites à Nance, au point de jonction des routes de Châlons à Lons-le-Saunier et de Louhans à Auxonne, à Labergement, à Lessart et dans les autres communes qui en demanderaient, en offrant de fournir les terrains ou de payer une partie de la dépense.

Les stations principales et secondaires auront les dimensions et les dispositions conformes aux plans d'ensemble et de détails des projets présentés.

Le tracé général que nous venons d'indiquer peut donner lieu à quelques remarques.

On supposera que la ligne du projet devrait passer soit à droite soit à gauche de la grande ligne projetée. Nous avons essayé diverses directions; mais partout le terrain est ondulé, mamelonné, coupé de petites vallées sinueuses d'une direction oblique ou perpendiculaire à la grande ligne d'opération.

Dans cette traversée entre Lons-le-Saunier, à partir des mines de sel de Mont-Morot jusqu'à Châlons, à la sortie du pont suspendu projeté dans la direction du bassin du canal du Centre, nous avons voulu nous rapprocher du bassin très riche des mines de fer d'excellente qualité, s'étendant à plusieurs kilomètres au nord de la ligne passant par les communes de Bletterans, Nauce, Sens, Saint-Germain, que longe le chemin de fer projeté.

Le projet traversant des bois dont les inflexions sont difficiles à juger sur toute l'étendue, on cherchera, dans l'exécution, si de légères inflexions du tracé ne permettraient pas de réduire une partie des déblais et remblais marqués par les profils.

Mais on attendra, avant de proposer des modifications, de connaître les vœux des populations qui seront consignés dans les procès-verbaux d'enquête.

Indication des cotes de nivellements, des chutes, des distances et des pentes entre les points principaux du chemin de fer.

INDICATION DES POINTS.	Niveau du projet au-dessus de la Méditerranée en mètres.	DIFFÉRENCES de niveau en moins.	DIFFÉRENCES de niveau en plus.	Distance entre les points en mètres.	PENTES en millimètres descendantes.	PENTES en millimètres ascendantes.
	m.	m.	m.	m.	mil.	mil.
1. Station de Lons-le-Saunier	249.00	13,39	»	3,210	4.16	
2. Pont sur la Vallière à Mont-Morot . . .	235.61					
2. Pont sur la Vallière à Mont-Morot . . .	235.61	36,61	»	8,340	4.38	
3. Dans la prairie.	199.00					
3.	199.00	9,00	»	5,500	1.63	
4. A la limite du département du Jura . .	190.00					
4. A la limite du département du Jura . .	190.00	4,08	»	3,245	1.26	
5. Au ruisseau près du chemin de Sens. .	185.92					mil.
5. Au ruisseau près du chemin de Sens. .	185.92	»	21,35	8,213	»	2.60
6. Au chemin de la Fosse à la grande Faye.	207.27					
6. Au chemin de la Fosse à la grande Faye.	207.27	9,04	»	3,014	3,00	
7. Route de Châlons à Lons-le-Saunier . .	198.23					
7. Route de Châlons à Lons-le-Saunier . .	198.23	»	7,77	7,063	»	1.10
8. Chemin de la Varenne.	206.00					
8. Chemin de la Varenne.	206.00	»	»	4,146	»	
9. Près du chemin de Villargeau	206.00					
9. Près du chemin de Villargeau	206.00	12,82	»	5,128	2.50	
10. Chemin du grand Servigny à Cortot. .	193.18					
10. Chemin du grand Servigny à Cortot. .	193.18	11,18	»	5,844	1.90	
11. Entre les rues et Saint-Marcel	182.00					
11. Entre les rues et Saint-Marcel	182.00	»	»	3,305	--	
12. Station de Châlons.	182 (1)					
Différence du point de départ . . .	249m.					
Au point d'arrivée.	182,00					
	67m.					
				m.		
Longueur totale de Lons-le-Saunier à Châlons. . . .				57,000		

Pentes moyennes. . . . . {
descendantes . . . . 2.61 mil.

ascendantes . . . . 1.85 mil.

(1) Le niveau de l'étiage de la Saône à Mâcon est de. 170mèt. 80

Pente de la Saône du pont de Châlons au pont de Mâcon 2 73

Niveau de l'étiage de la Saône à Châlons, au-dessus de la mer. . . 173mèt.53

§ 6. Dimensions et dispositions des principaux ouvrages.

La longueur du chemin de fer de Lons-le-Saunier à Châlons sera de 57,000 mètres, et la largeur du chemin en remblais de 8 mètres,

Report.	173^{mèt.}	53
Élévation des eaux au-dessus de l'étiage, dans la dernière inondation de 1840	7	77
Élévation de la station au-dessus des inondations de novembre 1840. . .	0	70
Niveau de la plate-forme de la station de Châlons.	182^{mèt.}	00

Nous avons supposé que le niveau de l'inondation, à Châlons, au-dessus de l'étiage, avait été à peu près le même qu'au pont de Fleurville, à l'extrémité du canal de Pont-de-Vaux, où les hauteurs de l'étiage des inondations ont été ainsi constatées.

PONT DE FLEURVILLE.

Étiage de la Saône en 1839	0^{mèt.}	00
— moyen de cette rivière.	1	23
Crues ordinaires de la Saône.	4	88
Crue de 1775	5	20
— de 1764	6	30
— de 1640	6	43
— de 1823	6	47
— de 1761	6	57
— de l'an VII.	6	68
— de 1771	6	75
— de 1774	7	02
— de 1840	7	95

La différence de niveau de l'amont à l'aval du pont de Fleurville a été, dans les premiers jours des inondations de novembre 1840, de 0^m,30 et a dû augmenter. On peut supposer qu'à Châlons, de l'amont à l'aval des ponts, la surélévation a dû être au moins de cette quantité; c'est pourquoi nous avons proposé d'élever le couronnement de la plate-forme de la station à 0^m,70 au-dessus du niveau de la grande inondation de novembre 1840.

et en déblais de 10 mètres, y compris les contre-fossés qui auront 1 mètre de largeur, mesurée au niveau du bord du chemin de fer.

La voie aura, entre les faces intérieures des rails, la même largeur que celle qui sera adoptée pour le chemin de fer entre Paris et Châlons ; le poids des rails sera de 35 kilogrammes par mètre ; les rails seront portés par un système de supports discontinus de traverses en bois, non écarries, de chêne ou de sapin, de 0^m,40 de diamètre, sciées en deux et posées la face plane sur le sol ; ces supports seront espacés de 1 mètre de milieu en milieu. Les rails seront à doubles champignons symétriques et coupés carrément à leurs extrémités, et d'une longueur de 5 mètres. Les chairs ou coussinets seront en fonte de seconde fusion et du poids de 10 kilogrammes, et de 11 kilogrammes pour les chairs des joints.

Les coins seront en bois de chêne.

Les chevilles pour fixer les chairs aux supports seront en fer, et la tête et les pointes seront préparées par un marteau mécanique et une machine.

Les croisements de voie seront faits par le déplacement du rail, sans contre-poids, et on emploiera pour les changements de voie au repos, des plaques tournantes ou des chariots tournants.

Le chemin de fer traversera les routes royales au-dessus ou au-dessous, au choix de la Compagnie, qui pourra passer de niveau les routes départementales et vicinales. Les quatre souterrains, l'un de 100 mètres de longueur, à Courlans, trois autres, chacun de 60 mètres de longueur moyenne, auront 8 mètres d'ouverture, y compris 0^m,50 de chaque côté, pour une rigole d'écoulement des eaux de filtration.

On exécutera un grand pont en bois, avec piles en pierres, sur la dérivation de la Saône à Châlons, au village de Saint-Marcel, en onze arches de 15 mètres d'ouverture, avec piles de 2 mètres, et d'une longueur ensemble de 185 mètres ; et un autre pont en bois avec piles en pierres, sur la Bresme, au-delà du village de Sens ; vingt ponts en pierres sur la Valière et sur la Seille, ses dérivations et ses affluents ; et cent vingt ponceaux et viaducs également en pierres, pour le passage des routes et pour l'écoulement des eaux, dont le cours sera coupé par la ligne du chemin de fer.

Les stations principales seront bâties partie en pierres et partie en charpente; on construira en bois les stations secondaires.

Le chemin de fer sera d'abord établi sur une voie, mais avec double voie aux abords et dans la traversée des stations; la longueur de la double voie sera de 23,000 mètres; l'ensemble de la longueur de la voie, en ajoutant les parties en doubles rails, sera de 80,000 mètres.

§ 7. Dépenses du chemin de fer de Lons-le-Saunier à Châlons.

1° *Indemnités de terrains.*

La longueur du chemin de fer étant de 57,000 mètres, et la largeur moyenne, y compris talus, contre-fossés, etc., de 30 mètres, ci. . . . .   30 mèt.

La surface est de. . . . .   1,710,000 mèt.

Ou de 171 hectares, lesquels, à raison de 4,000 fr. l'hectare, terme moyen, font. . . . .   684,000 fr.

Indemnités diverses supplémentaires, maisons, usines, plantations, jardins, etc., ci.   616,000

Total des indemnités de terrains et autres   1,000,000 fr.

2° *Terrassements.*

Terrassements sur 56,420 mètres de longueur, à raison de 50 mètres cubes par mètre courant de déblais ou de remblais, font. . . . .   2,721,000 m. c.

Remblais grands à Châlons, Lons-le-Saunier. .   1,200,000

Total des mètres cubes. . . .   3,921,000 m. c.

A 1 fr. 00 c. par mètre cube, ci. . . . . .   3,921,000 fr.

3° *Travaux d'art.*

Quatre souterrains, y compris les tranchées aux abords, l'un de 100 mètres, et trois de 60 mètres, ensemble. . . 280 mèt.

A raison de 1000 fr. par mètre courant. . . 280,000 fr.
Ponts, ponceaux, ensemble. 2,150,000
Huit stations, savoir : la station de Châ-
lons. . . . . 300,000 fr. ⎫
Celle de Lons-le-Saunier. . . 250,000 ⎪
Celle du milieu. . . . . . 100,000 ⎬ 900,000
Cinq intermédiaires à 50,000 fr. ⎪
ensemble. . . . . 250,000 ⎭

Total des travaux d'art. . . . 3,330,000 fr.

4° *Rails, chairs, chevillettes, sable, pose.*

La longueur du chemin de fer étant de 57,000 mètres, et la double voie de 23,000 mètres, en tout. . . . . . . 80,000 mèt.

Le poids de chaque rail par mètre est de 35 kilog., et deux rails d'une voie de 70 kilog. Le poids total des rails est de 5,600,000 kil.

Lesquels, à raison de 40 fr. par 100 kilogrammes, transport compris, font. . . . . 2,240,000 fr.
Chairs, chevillettes, traverses en bois, sable,
pose, par mètre à raison de 20 fr., et pour 80,000
mètres, ci. 1,600,000

Total pour les rails, chairs, pose, etc. . . 3,840,000 fr.

5° *Matériel.*

Dix machines locomotives à 5o,ooo fr., ci. . . 5oo,ooo fr.
Quatre berlines à 12,5oo fr., ci. 5o,ooo
Quarante diligences à 5,ooo fr. 2oo,ooo
Deux cents wagons couverts pour voyageurs et
marchandises, à 3,ooo fr. 6oo,ooo
        Total du matériel. . . 1,35o,ooo fr.

RÉCAPITULATION.

1° Indemnités de terrains. . . . . . . 1,3oo,ooo fr.
2° Terrassements. 3,921,ooo
3° Travaux d'art, y compris stations. . . . 3,33o,ooo
4° Rails, chairs, traverses, pose, etc. . . . 3,84o,ooo
5° Matériel. 1,35o,ooo
6° Dépenses imprévues et supplémentaires, direction des travaux, etc., ensemble. 2,259,ooo
     Total de la dépense des travaux. . . 16,ooo,ooo fr.

Ce qui fait par kilomètre. 28o,7o1
Et par lieue de 4,ooo mètres. . . . . . 1,122,8o4 fr.

§ 9. Tarif du chemin de fer de Lons-le-Saunier à Châlons.

TARIF DES PERSONNES.

Le prix des diligences, par personne, de Lons-le-Saunier à Châlons, dont le trajet se fait en sept heures et demie, à raison de deux
lieues par heure, est de. . . . . 5 fr. 5o c.
A quoi il faut ajouter la dépense d'un repas. . . 1 5o
        Ensemble. . . 7 fr. »

En poste , le prix, avec la même vitesse, pour deux personnes, revient, chevaux et postillon, à . . . . 37 fr. 5o c.

Location d'une chaise de poste, ou usure de la chaise de poste à 5o centimes par poste, et pour 7 postes 1/2. 3 75

Ensemble. 41 25

Et par personne. 20 63

Ce qui fait par kilomètre et par personne, en comptant la même distance de 57 kilomètres :

En diligence. . . . . 12 c. 8/10

En poste 36 2/10

On propose de fixer le tarif par personne et par kilomètre;

1° Wagons découverts. . . . . 8 cent.

2° Wagons couverts et fermés avec rideaux. . . 10

3° Diligences. 12

4° Berlines. . . . . 18.

TARIF DES MARCHANDISES.

Le prix actuel du transport des marchandises par cent kilogrammes, de Lons-le-Saunier à Châlons, est :

Par roulage ordinaire, en un jour et demi, de . . 2 fr.

Par roulage accéléré, en un jour, de 3

Par diligence, en 7 heures 1/2, de 4

Ce qui fait par kilomètre et pour cent kilogrammes :

Roulage ordinaire . . . . 3 c. 51/100

Roulage accéléré 5 26/100

Diligence 7

On propose de fixer le prix maximum par kilomètre et par cent kilogrammes;

A la descente de Lons-le-Saunier à Châlons;

1° Sels, acides, métaux, étoffes, fromage, cuir, fruits, gibier, poisson. . . . . 2 cent. 50

2° Vin, eau-de-vie, vinaigre, céréales, bois travaillé. 1 cent. 50

3° Bois en grume, pierres, plâtre, engrais, minerai. 1 cent.

4° Denrées coloniales et tous autres produits non désignés . . . . 3 cent.

A la remonte de Châlons à Lons-le-Saunier, en raison de l'augmentation de la force de traction, la pente étant descendante vers Châlons.

Prix maximum par kilomètres et par 100 kilogrammes :

1° Sels, divers métaux, soufre, étoffes, fromage, vin, eau-de-vie, vinaigre, céréales, bois travaillé . . . 3 cent. 50

2° Bois en grume, pierres, plâtre, engrais, minerai. 2 cent.

3° Denrées coloniales et tous autres produits non désignés. . . . . 4 cent.

4° Houille, charbon de bois . . . . 1 cent. 1/2

Observations. — La laine, le coton, ainsi que les matières d'un volume de plus d'un mètre cube, ou d'un poids indivisible de plus de deux mille kilogrammes, seront payés à un prix réglé de gré à gré par les expéditionnaires avec la Compagnie.

§ 9. Évaluation de la recette brute et nette des droits payés par les personnes et pour les marchandises transportées entre Lons-le-Saunier et Châlons.

PRODUIT DES PERSONNES.

On estime à 200 le nombre des personnes qui vont, chaque jour, maintenant, des montagnes du Jura et de la Suisse, prendre les bateaux de la Saône, ou les diligences de Lyon et de Paris, et qui préféreront voyager par le chemin de fer, ouvert entre Lons-le-

Saunier et Châlons. Mais ce nombre augmentera rapidement, et peut-être décuplera après l'achèvement du chemin de fer de Châlons à Paris. Nous ne compterons que 200 personnes dans chaque sens, et ensemble 400 personnes par jour, parcourant 57 kilomètres, à raison de 10 centimes, ce qui fait par jour une recette de . . . . 2,280 fr. »

Et pour 365 jours . . . . 832,200 »

PRODUIT DES MARCHANDISES.

A la descente.

1° Sels, acides, métaux, étoffes, fromage, 400,000 quintaux métriques à 2 centimes par kilogramme, et pour 57 kilomètres, à 1 fr. 415, font . . . . 570,000 »

2° Vins, eau-de-vie, vinaigre, bois travaillé, 150,000 quintaux métriques, à 1 cent. 50 par quintal métrique, et pour 57 kilomètres, à 85 cent. 50, font. . . . . 128,250 »

3° Bois en grume, pierres, plâtre, engrais, minerai, 300,000 quintaux métriques, à 1 cent. par kilogramme, et pour 57 kilomètres, à 57 cent., font 171,000 »

4° Denrées coloniales et tous autres produits non désignés, 100,000 quintaux métriques, à 3 cent., et pour 57 kilomètres, à 1 fr. 71 c., font . . . . 171,000 ».

A la remonte.

1° Sels, divers métaux, soufre, étoffes, fromage, vin, eau-de-vie, vinaigre, céréales, bois travaillé,

Total à reporter. . . . . . 1,872,450 »

5

Report. . . . . 1,872,450 »

cuir, 60,000 quintaux métriques, à 3 cent. 50 par
kilogramme, et pour 57 kilomètres, à 1 fr. 98 c. 50,
font . . . . 110,100 »

2° Bois en grume, pierres, plâtre, engrais, minerai, 10,000 quintaux métriques, à 2 cent. par kilog.,
et pour 57 kilomètres à 1 fr. 14 cent., font . . . 11,400 »

3° Denrées coloniales et tous autres produits non
désignés, 5,000 quintaux métriques à 4 cent. par
kilogr., et pour 57 kilomètres, à 2 fr. 28 c. font 11,400 »

4° Houille, charbon de bois, 300,000 quintaux
métriques à 1 cent 1/2 par kilogr., et pour 57 kilomètres, 85 cent. 50, font. . . . . 256,500 »

Total des produits annuels pour le transport des
personnes et des marchandises . . . . 2,261,850 »

PRODUITS NETS.

Les frais d'exploitation, de réparations du chemin de fer et de
remplacement du matériel, et les dépenses du personnel, augmen-
tant en raison des quantités des marchandises expédiées, on estime
que les dépenses s'élèveront à 45 pour cent des produits, ou à la
somme de. . . . . 1,027,800 f.

Le revenu brut étant de . . . . 2,261,850 »

Le revenu net sera de . . . . 1,234,028 »

La dépense ayant été évaluée à . . . . 16,000,000 »

L'intérêt à 5 p. 100 est de . . . . 800,000 »
Le revenu net étant de . . . . 1,234,028 »

Il resterait donc un bénéfice net annuel de. . . 434,028 »

que la Compagnie serait tenue d'employer exclusivement à la
construction d'une seconde voie dans les parties où elle ne serait
pas établie, et à l'exécution de divers autres perfectionnements
prescrits par le cahier des charges.

§ 10. Clauses principales de l'acte de concession.

Le conseil général du Jura, qui a voté à l'unanimité l'exécution
du chemin de fer de Lons-le-Saunier à Châlons, a demandé que la
concession fût donnée à perpétuité, que le gouvernement garantît
un intérêt de 4 p. o/o, et que le tarif fût porté au taux moyen des tarifs
des chemins de fer d'Angleterre. Toutes ces prévisions sont justifiées par la raison, la justice et les leçons de l'expérience, et on
ne saurait, maintenant, en raison du discrédit de ces entreprises,
refuser ces conditions, sans renoncer aux chemins de fer, et sans exposer le pays aux pertes incalculables que l'ajournement des travaux ne manquerait pas d'entraîner.

Il est sans exemple, en Angleterre et aux Etats-Unis, qu'on ait
refusé des concessions à perpétuité, puisque la réserve d'une concession limitée est une véritable confiscation des travaux exécutés
aux frais d'une compagnie dans un intérêt national.

Un tarif trop bas est aussi une cause infaillible de ruine pour les
compagnies, et de pertes incalculables pour le public, puisque cette
exigence injustifiable de l'administration met les frais de transport
des voyageurs et des marchandises en partie à la charge des compagnies et du pays, et empêche l'exécution des chemins de fer les
plus utiles.

Enfin, la clause d'une garantie d'intérêt de 4 p. o/o, que donnerait l'Etat, est conseillée par la justice; et doit être envisagée comme
une tardive réparation des charges exceptionnelles imposées au
Jura depuis cinquante ans, ainsi que nous le montrerons dans l'article suivant et dans les notes A, B et C.

§ 11. Droits incontestables de la ville de Lons-le-Saunier et du département du Jura, à obtenir le concours financier du gouvernement dans la dépense du chemin de fer de Lons-le-Saunier à Châlons.

Nous avons déjà représenté dans un grand nombre de rapports que le département du Jura et la ville de Lons-le-Saunier, par le système déplorable de centralisation administrative, paient leurs cotes-parts des contributions affectées aux dépenses des canaux, des routes, des ports, des places de guerre, des casernes, de l'instruction publique, et sont délaissés sans rivières canalisées, sans défense contre l'invasion de l'étranger, sans caserne, sans collége royal, sans établissement d'intérêt général; nous avons montré de même que les grandes lignes de canaux exécutés aux frais des contribuables, de Lyon à Strasbourg, de la Saône à Paris, par la Loire et la Bourgogne, détournent et enlèvent au Jura la plus grande partie du commerce très actif qui suivait autrefois ses grandes routes, consommait ses produits, et donnait à ce département la possibilité d'acquitter les impôts et les charges exceptionnelles qui frappent ces contrées, sans prélever, comme maintenant, le montant des contributions sur le nécessaire des habitants.

Ces seules considérations justifieraient déjà l'intervention financière du gouvernement, pour assurer l'exécution du chemin de fer proposé; mais il est d'autres motifs plus puissants, qui ne peuvent manquer de déterminer le concours de l'État.

Les salines de Mont-Morot et de l'Est, exploitées, avant 1789, par les fermiers-généraux, et depuis par les agents du gouvernement, furent concédées, en l'an VI, à la compagnie Catoire et Duquesnoy, qui payait 4,000,000 fr., de redevance au trésor. Cette compagnie résilia son bail le 8 messidor an VIII, et fut remplacée par une régie intéressée à dater de ce jour et jusqu'au 1er mai 1806. A cette époque, la concession fut donnée à la compagnie des salines et mines de sel de l'Est, qui s'était obligée à construire le canal de

Lons-le-Saunier à Louhans, à moitié frais avec l'Etat. Non seulement ce canal n'a pas été exécuté, ni commencé, mais les études mêmes du projet n'en ont pas été faites, et nulle retenue ne fut exigée de cette compagnie, à l'époque de la résiliation de son bail, pour assurer l'exécution du canal et indemniser le département des pertes qu'un tel ajournement lui avait occasionnées.

La compagnie de salines et mines de sel de l'Est a continué son service du 1^r mai 1806 jusqu'au 31 décembre 1825, et a obtenu la résiliation de son marché, à cause de la découverte du sel gemme de Vic, département de la Meurthe. La dernière compagnie des salines et mines de sel était concessionnaire par adjudication, depuis le 1er janvier 1826, et la résiliation autorisée par la loi rendue en 1840 eut lieu le 31 décembre 1840.

Par le bail du 1er mai 1806, la redevance payée à l'Etat, par quintal métrique, a été fixée à. . . . . 6 fr.

La redevance de la compagnie Catoire, la dernière année de son bail, a été de. . . . . 2,400,000 fr.

La compagnie adjudicataire, en exercice depuis le 1er janvier 1826, a payé, la première année, ci. . . . . 1,800,000 »

La redevance a été réduite, à partir du 1er janvier 1830, à. . . . . 1,200,000 »

Outre la part des bénéfices réservés par l'Etat, en 1839, la redevance pour prix du bail et la part des bénéfices comprise, s'est élevée à la somme de. . . . . 1,702,557 »

Les diverses compagnies concessionnaires des salines et mines de sel de l'Est pouvaient, à leur gré, régler les prix de vente de sel, d'après les prix courants du sel de mer, vendu en concurrence. Il résultait de ces dispositions que les populations qui ont été dotées aux frais du trésor de canaux et de bonnes routes, et peuvent acheter à meilleur compte le sel de mer, obtenaient une réduction sur le prix des sels de l'Est, tandis que les contrées en montagnes comme le Jura , ayant peu de routes royales perfectionnées , sans rivières canalisées, et dont les chemins vicinaux sont impraticables , étaient imposées à une surtaxe sur le sel qu'il produit en abondance.

Dans les dernières années, le prix du sel de Mont-Morot, vendu par la compagnie, a été ainsi fixé par quintal métrique et indépendamment de l'impôt de 3o fr. prélevé par le trésor ; savoir :

Aux entreposeurs de Poligny et Champagnôle. 14 fr. 80 cent.

A ceux de Lons-le-Saunier, Orgelet, Sellières , Bletterans, Chaussin, Voiteur, Beaufort, Conliége, Clairvaux, Saint Laurent, les Planches, Chaumergy et Moirans. . . . . 9 »

Aux entreposeurs de l'arrondissement de St-Claude. 7 5o

A ceux de Saint-Amour et Cousance. . . . 9 5o

A ceux d'Arinthod. 9 5o

A ceux de Louhans. 7 5o

La vente, en 1839, a été faite au prix moyen de 13 fr. dans les départements de l'Est.

Mont-Morot a vendu 10,224 quintaux : à Louhans 402 quintaux, à Arinthod 582 quintaux, à Saint-Amour 1,325 quintaux, à Saint-Claude 3688 quintaux; total pour ces cantons. . . . 16,222 quint.

Il a été livré à la Suisse par la saline de Mont-Morot, en 1839. 9,429

On estime que , si le chemin de fer était exécuté, les houilles diminuant de prix à Lons-le-Saunier, le sel de Mont-Morot serait livré à meilleur marché, et l'exportation de cette saline s'élèverait par an, par une exploitation du sel gemme, à 150,000 quint.

Le prix de revient du quintal métrique à la saline de Mont-Morot diminuerait de 1 fr. 5o cent. , par l'abaissement du prix de la houille, que produirait l'exécution du chemin de fer, et le pays serait affranchi de la surtaxe exorbitante qu'il paie depuis cinquante ans.

Ces données officielles font naître les réflexions suivantes :

L'ancienne compagnie des salines de l'Est n'ayant pas rempli la clause de son bail de 1806 qui l'obligeait à exécuter le canal de Mont-Morot, moitié à ses frais et moitié aux frais de l'État, le prix de revient a été plus élevé d'un franc par quintal métrique, et le prix de vente, soit par cette cause, soit par les redevances de l'État et les bénéfices de la compagnie, a été porté dans le Jura du tiers au quart en sus de l'impôt. Le département du Jura, et particulièrement la ville de Lons-le-Saunier, ont perdu tous les avantages qu'aurait procurés le canal, et ont supporté, depuis trente-quatre ans, une surtaxe exceptionnelle, dont nous calculerons le montant.

L'impôt du sel étant de 66 millions, c'est 2 francs par habitant en France et plus de 2 francs dans le département du Jura, où l'on nourrit beaucoup de bestiaux et fabrique une grande quantité de fromage, et en somme par an. . . . . 600,000 fr.

L'impôt exceptionnel dont le département du Jura est frappé, est de plus de. 200,000

Le département du Jura et la ville de Lons-le-Saunier auraient obtenu par le canal de Lons-le-Saunier à Louhans un bénéfice considérable sur tous produits importés et exportés, et sur les transports des marchandises en transit pour la Suisse, qui auraient pris cette direction, la perte annuelle est évaluée à. 300,000

Total par an. . . . 500,000

Cette perte annuelle, avec les intérêts compris, s'élève ensemble, en comprenant l'impôt exceptionnel payé depuis quarante-cinq ans par le Jura, à soixante millions, ci. . . . . . 60,000,000 fr.

Le gouvernement a donc prélevé sur le département du Jura, et particulièrement sur la ville de Lons-le-Saunier, une somme quatre fois plus forte que la dépense des frais d'établissement du chemin de fer de Lons-le-Saunier à Châlons.

Le département du Jura est donc en droit de demander que le gouvernement fournisse, par compensation, les fonds nécessaires à la construction du chemin de fer et aux autres améliorations analogues également indispensables à ce département, ou qu'il en assure l'exécution par une compagnie en garantissant un minimum d'intérêt.

Un autre motif vient encore à l'appui de cette réclamation. Le gouvernement a fait exploiter à son profit, ou a concédé à des fermiers les sources salées de Mont-Morot, en prélevant un prix de bail qui était exclusivement et injustement payé par les populations du Jura, et il n'a pas imposé aux fermiers la clause de payer des indemnités aux propriétaires des terrains de la surface. Cependant les exploitations des sources salées ont formé, dans le sol souterrain, des cavités qui ont produit dans la ville même de Lons-le-Saunier des éboulements et la chute de maisons, dont les propriétaires n'ont touché aucune indemnité. Le gouvernement doit garantir les droits de ces propriétaires, et indemniser les habitants d'une surtaxe mise à leur charge, depuis si long-temps, en contravention d'un article formel des constitutions anciennes et de la charte nouvelle de la France.

(NOTE A.)

Considérations minéralogiques et administratives. à l'appui des concessions réunies du chemin de fer de Lons-le-Saunier à Châlons, et de la mine de sel gemme de Mont-Morot.

La chaîne du Jura recèle dans son sein des richesses minérales importantes et inépuisables, qui, jusqu'à nos jours, ont été peu connues, dès lors peu exploitées et toujours avec désavantage, en raison de la difficulté et de la cherté des transports. Ces mines, qui devraient procurer l'aisance aux populations de ces contrées, furent en partie la cause de leur détresse, et un moyen d'impôts exceptionnels.

Un ingénieur français avait constaté autrefois que les dispositions du sol et la nature du terrain dans les environs des mines de sel gemme de Wéleiska, qui s'étendent sur une longueur de deux cents lieues, étaient parfaitement identiques aux terrains de la Lorraine., dans le voisinage de Marsal, Château-Salins, dont les noms dérivent des sources salées. Il en avait conclu l'existence de bancs de sel gemme dans ces localités; cependant nulle recherche n'avait été faite, parce que le bail des sources salées avait été donné à une compagnie qui n'avait nul intérêt à tenter des découvertes, et parce que le gouvernement s'étant déclaré propriétaire de toutes les mines souterraines, et maître d'en disposer à son gré, les propriétaires du sol n'étaient point incités, comme en Angleterre, à tenter des sondages généralement très utiles. En 1824, une compagnie, d'après ces documents, ayant fait des recherches à Vic, près de Dieuze et de Marsal, a découvert un banc de sel gemme et a obtenu du gouvernement une indemnité de trois millions pour l'abandon de ses travaux et de ses prétentions, fondées sur ce motif que le sel gemme n'était point compris dans la catégorie des minéraux dont l'État s'est réservé la propriété ou la disposition. Depuis cette époque, la concession des sources salées et du sel gemme, dans les dix départements de l'Est, a été donnée à une compagnie par adjudication, et les travaux de sondage, qui ont été entrepris, ont constaté les masses de sel gemme sur beaucoup de points des départements de la Meurthe, de la Haute-Saône, du Doubs et surtout du Jura.

L'existence de sel gemme était révélée, dans ces contrées, par les

6

sources nombreuses naturellement salées, par les noms des villes, villages, rivières et ruisseaux, et par les ondulations du sol et sa composition parfaitement identiques, dans les divers arrondissements salifères des départements de la Meurthe, de la Haute-Saône et du Jura. Il paraît évident qu'une source salée doit cette propriété au contact d'un courant avec une masse de sel, ou à la dissolution du sel contenu dans des terrains saliférés ; en effet, un réservoir, même immense, d'eau salée, d'un niveau de plus de 180 mètres au-dessus de la mer, ayant un écoulement constant, se serait vidé par la suite des siècles, quelque faible que fût la source. Tout semble indiquer qu'un banc continu de sel gemme s'étend des salines de Mont-Morot, dans le département du Jura, aux salines de Marsal et Château-Salins dans la Meurthe ; car, sur cette étendue de quatre-vingts lieues, on trouve, en beaucoup de points, des analogies remarquables et des indices frappants, partout où le sol n'est pas recouvert par des montagnes ou par des coteaux élevés.

Dans le Jura, on compte beaucoup de puits salés, et plusieurs rivières, ruisseaux et sources dont les eaux tiennent du sel en dissolution et ont un nom salifère. Nous citerons les sources salées de Lons-le-Saunier, de la Muire, de Saint-Lothain près Sellière, de Tourmont, le Ruisseau, dit le Petit-Salé, près de Poligny, où les habitants voisins vont puiser l'eau salée employée à leurs usages ; Grozon, dont les sources furent exploitées dans le xive siècle; les sources de Salins ; la rivière de la Seille, etc.

On remarque de même, dans la Haute-Saône, Saulnot, Grohenans près de Villers-Sexel ; enfin, dans la Meurthe, Marsal, Château-Salins, dont la rivière voisine se nomme aussi la Seille.

Il serait possible que les noms de Saône, de Sanon, de Chaux, fussent des dérivations du mot sel par corruption dans les changements successifs des langues.

Quelque hasardée que puisse être la conjecture que le banc de sel gemme s'étende dans les départements de l'est de la France sur quatre-vingts lieues, comme en Russie sur plus de deux cents lieues, il paraît du moins avéré que ce banc règne des salines de Mont-Morot aux salines de Salins, puisque sur toute cette zone le sol est de même formé de coteaux isolés, de vallées produites par l'enfoncement, où l'on aperçoit des creux qui se sont formés et s'ouvrent fréquemment par suite de la dissolution du sel que les courants souterrains emportent, laissant dans le sein de la terre des vides ou cloches, qui, en se fermant par des éboulements, se manifestent à la surface.

Entre la surface du sol et les bancs des mines de sel, on rencontre généralement des couches de gypse de diverses qualités, de 10 à 50 mètres d'épaisseur, et une masse d'argile souvent d'une épaisseur plus considérable.

Jusqu'ici les sources salées et les mines de sel n'ont point été considérées par le gouvernement comme un élément de richesses pour les contrées qui les possèdent, mais plutôt comme un instrument d'exploitation des populations riveraines au profit des fermiers-généraux et des compagnies financières, qui recevaient les salines à bail à des conditions très onéreuses pour les localités. Autrefois les paroisses étaient forcées de conduire leur propre bois aux salines, par corvée et à si vil prix que les frais de transport n'étaient pas même remboursés, et alors les dispositions des chaudières et les procédés d'évaporation étaient si imparfaits, que la consommation du combustible dépassait quatre fois la quantité nécessaire aux résultats obtenus ; enfin, comme on l'a souvent fait remarquer dans ce rapport et les précédents, le Jura, depuis cinquante ans, parce qu'il possédait des salines, a été imposé à une surtaxe extraordinaire et exceptionnelle.

Les concessions des mines de sel gemme devant être enfin données par le gouvernement à des conditions plus justes et plus favorables aux populations du Jura, on doit chercher à réunir les deux concessions des mines et du chemin de fer, parce qu'il en résultera deux avantages : l'exécution du chemin et la réduction d'un cinquième sur le prix actuel du sel, même en conservant la taxe exorbitante ou capitation imposée, contrairement à l'esprit de la Charte, sur cette matière de première nécessité.

La réunion des concessions à la même compagnie, des établissements de Mont-Morot, de l'exploitation des mines de sel gemme et du chemin de fer de Lons-le-Saunier à Châlons, aura pour l'État et le pays de très grands avantages.

Le département du Jura, et particulièrement l'arrondissement de Lons-le-Saunier, étant enrichis par la dépense des travaux à exécuter, par les établissements industriels inhérents à l'exploitation de la mine de sel gemme, et par l'accroissement de toutes les branches de l'industrie commerciale et agricole, paieront au trésor des contributions diverses plus considérables.

Le gouvernement, en adoptant cette mesure, dédommagera l'arrondissement de Lons-le-Saunier de toutes les charges exceptionnelles qu'il lui avait imposées depuis cinquante années.

La mine de sel gemme n'est pas la seule substance minérale que renferme le terrain traversé par la ligne du chemin de fer de Lons-le-Saunier à Châlons; il existe dans les communes de Bletterans, Nance, la Chapelle-Voland, Coge, Sens, et sur une étendue de plusieurs lieues carrées, une couche générale de minerai de fer, de bonne qualité, qui pourrait fournir à la consommation de plusieurs hauts-fourneaux pendant un temps indéfini. Par l'influence du chemin de fer, l'exploitation de ce minerai de fer serait entreprise sur une plus grande échelle, et les usines à fer que l'on construirait dans le voisinage nécessiteraient le transport, de Châlons sur les bords de la Seille, de plus de 3oo,ooo quintaux de houille; on expédierait aussi beaucoup de minerai de fer, de Bletterans par le chemin de fer et la Saône, aux usines des départements du Rhône, de la Loire et de l'Isère, à Rive-de-Gier, Vienne, Saint-Etienne, la Voute, etc.

Enfin les carrières à plâtre et de pierres de taille d'excellente qualité, que l'on a déjà exploitées sur la ligne projetée du chemin de fer, prendraient un grand développement, et accroîtraient, par la quantité des transports, les revenus du chemin de fer.

Si l'on compare les résultats différents à obtenir, soit par une association formée de propriétaires du Jura, ayant la concession simultanée des sources salées et des mines de sel gemme de Mont-Morot, et du chemin de fer de Lons-le-Saunier à Châlons, soit par une compagnie de financiers étrangers, le passé nous fait pressentir l'avenir qui attend le Jura. Les compagnies des fermiers-généraux, des receveurs-généraux et de financiers étrangers, toujours très protégées, n'ont formé à Lons-le-Saunier aucun établissement utile; elles n'ont point ouvert le canal de Mont-Morot à Louhans, qu'elles s'étaient engagées à exécuter; elles ont concentré exclusivement toutes les fabriques d'acide, de soude et de divers sels à Dieuze, département de la Meurthe, et en ont retiré un million de bénéfices par an, en rendant tous les départements et le Jura surtout tributaires de leur locale et exclusive exploitation. Elles ont forcé les fabricants de papier du Jura d'aller à cent lieues et à grands frais chercher des acides qu'on pourrait fabriquer à Mont-Morot, et livrer aux fabriques des environs à trois fois meilleur marché.

L'association jurassienne, concessionnaire du chemin de fer et des mines, créerait à Mont-Morot des manufactures d'acide sulfurique, d'acide muriatique, de soude, de chlore, de sulfate de soude, de divers autres sels recherchés dans les arts et la pharmacie ; elle.élèverait à Bletterans et sur les beaux moulins de la Seille à proximité des usines à fer, des hauts-fourneaux, des forges ; enfin elle procurerait à Lons-le-Saunier et sur toute la ligne, des houilles de bonne qualité en abondance et à des prix tels que le chauffage d'une famille par l'emploi de la houille coûterait trois fois moins que par l'emploi du bois.

Ainsi, en définitive, il y aurait accroissement de travail, de prospérité et de toutes les richesses publiques et privées dans le Jura.

(NOTE B.)

Renseignements statistiques, extraits des documents officiels, constatant la nécessité, pour l'arrondissement de Lons-le-Saunier, de la création d'un chemin de fer de Lons-le-Saunier à Châlons.

L'état prospère, stationnaire ou rétrograde d'un pays se révèle par le mouvement de la population, la situation des classes ouvrières, le nombre des fabriques, les quantités et les prix des produits agricoles.

Sous une administration paternelle et avec des institutions parfaites, la population et les richesses publiques et privées doublent en moins de trente ans, les travaux de toute nature sont encouragés, les prix des journées sont élevés, et les populations, plus abondamment nourries, bien logées et mieux habillées, font prospérer toutes les branches de l'agriculture et du commerce.

Le premier but des institutions dans les pays bien réglés est de créer, et aux meilleures conditions, des voies de communication nombreuses et les plus perfectionnées, de profiter des découvertes utiles, et, dans l'état présent de la science, d'ouvrir des chemins de fer, dont la supériorité sur les autres routes paraît chaque jour plus incontestable.

Des administrations imprévoyantes, absolues et concentrées dans la capitale, étouffent tous les éléments de prospérité, condamnent une partie de la population à la misère et l'autre partie à subir les conséquences des désordres enfantés par l'exagération des impôts, le bas prix des récoltes destinées à les payer, et surtout par le manque de travail bien rétribué.

En étudiant sous divers points de vue les documents officiels sur le Jura, on ne peut se défendre d'un sentiment de profonde tristesse que fait naître la conviction de ce fait : que ce département ne travaille, pour ainsi dire, que pour acquitter les contributions toujours progressives, c'est-à-dire que les impôts enlèvent la presque totalité des revenus nets ; le gouvernement est donc le seul et véritable propriétaire du pays, comme au temps de la féodalité. Enfin, le département du Jura ne peut espérer aucune chance de prospérité que d'un changement de système administratif, et d'une réforme calculée d'après l'expérience acquise chez les nations les plus prospères. Nous ne présenterons, dans les tableaux suivants, que des résultats généraux, authentiques et officiels qui suffisent à justifier les conclusions à tirer.

Étendue et population du Jura à diverses époques.

La Franche-Comté, comprenant les trois départements du Doubs, du Jura, de la Haute-Saône, avait en étendue 1,569,894 hectares; savoir : Doubs, 547,357 hect. ; Jura, 503,304 hect. ; Haute-Saône, 519,233 hect.

La population de la Franche-Comté s'élevait :

> En 1700, à 340,720 habitants.
> En 1762, à 664,581 *id.*
> En 1784, à 678,800 *id.*

D'après le dénombrement de 1801, la population du Doubs étant de 216,226, celle du Jura de 288,151, et celle de la Haute-Saône de 291,579, on doit compter que le Jura avait aux époques antérieures un tiers de la population de la Franche-Comté, plus 6/30 en sus.

La population des communes composant le Jura devait donc être :

> En 1700, de 136,287 habitants.   Augmentations.
> En 1762, de 262,832. . . . . . en 62 ans. . . 125,545 hab.
> En 1784, de 271,519. . . . . . en 22 ans. . . 8,687

Population du département du Jura d'après les recensements officiels :

> En 1801. . . . 288,151. . . . en 17 ans. . . . 16,632 hab.
> En 1806. . . . 300,050. . . . en 5 ans. . . . 11,899
> En 1821. . . . 301,768. . . . en 15 ans. . . . 1,718
> En 1826. . . . 310,282. . . . en 5 ans. . . . 8,514
> En 1831. . . . 312,504. . . . en 5 ans. . . . 2,222
> En 1836. . . . 315,555. . . . en 5 ans. . . . 2,751

Ainsi la population, pendant le XVIIIᵉ siècle, n'a fait que doubler, et depuis trente-six ans elle n'augmente point par an d'un 300ᵉ; et de 1801 à 1836 elle ne s'est accrue que de 27,204 habitants, ou de moins d'un 10ᵉ pendant ces trente-cinq ans; elle ne doublerait qu'en trois cent cinquante ans.

Les obstacles apportés à la population du Jura, placé dans les circonstances les plus favorables, doivent ressortir de la comparaison de ce département avec les départements et les pays où la population croîtrait plus rapidement.

Mouvement de la population de la France entière.

ANNÉES.	NOMBRE D'HABITANTS.		AUGMENTATIONS	RAPPORTS.
En 1700	19,669,320	»	»	»
En 1762	21,769,163	En 62 ans.	2,099,843	Un dixième.
En 1784	24,800,000	En 22 ans.	3,030,837	Un huitième.
En 1801	27,349,003	En 17 ans.	2,549,003	Un onzième.
En 1806	29,107,425	En 5 ans.	1,759,422	»
En 1821	30,461,875	En 15 ans.	1,354,450	»
En 1826	31,858,937	En 5 ans.	1,397,062	»
En 1831	32,569,223	En 5 ans.	710,286	»
En 1836	33,540,910	En 5 ans.	971,687	»

En un siècle la population de la France n'a augmenté que de moitié, et de 1801 à 1836, d'un quart; elle ne double qu'en cent quarante ans, tandis que la population des États-Unis double en trente cinq ans, et celle d'Angleterre en soixante-dix ans.

L'accroissement général de la population de toute la France, depuis 1801 à 1836, a été deux fois plus rapide que celle du Jura pendant la même période.

Mouvement de la population de la Flandre et de l'Artois.

ANNÉES.	NOMBRE D'HABITANTS.		AUGMENTATIONS	RAPPORTS.
En 1700	492,684	»	»	»
En 1762	589,909	En 62 ans.	97,215	Ou 1/6
En 1784	734,600	En 84 ans.	241,916	Ou 1/2

Mouvement de la population de plusieurs départements.

NOMS des DÉPARTEMENTS.	POPULATION en 1801.	POPULATION en 1836.	Augmentation en 35 ans.	RAPPORTS.	OBSERVATIONS.
Nord.	765,001	1,026,417	261,416	1/3	
Aisnes.	425,981	527,095	101,114	1/4	
Allier	248,864	309,270	160,406	1/4	
Cher.	217,785	276,858	59,068	1/4	
Bouches-du-Rhône.	285,012	362,325	77,213	1/4	
Côtes-du-Nord. . .	504,303	605,563	101,260	1/5	
Doubs.	216,226	276,274	60,048	1/4	
Finistère.	439,046	546,955	107,909	1/4	
Hérault	275,449	357,846	82,397	1/3	
Isère.	435,888	573,645	37,757	1/3	
Loire.	290,903	412,497	121,594	5/12	
Loire-Inférieure . .	369,305	470,768	101,463	1/3	
Maine-et-Loire. . .	375,544	477,270	102,726	1/4	
Meurthe.	338,115	424,366	86,251	1/4	
Pas-de-Calais. . .	505,615	664,654	159,039	1/3	
Bas-Rhin.	450,238	561,859	111,621	1/4	
Haut-Rhin. . . .	303,773	447,019	144,246	1/2	
Rhône.	299,390	482,024	183,634	1/2	
Seine (Paris). . .	631,585	1,106,891	475,306	Près du double.	
Seine-Inférieure. .	609,843	720,525	110,682	1/6	
Somme	459,453	552,706	93,253	1/5	
Var	271,703	323,404	51,701	1/6	
Vendée	243,426	341,312	97,986	1/3	
Vienne.	240,990	288,002	47,012	1/6	
Haute-Vienne . . .	245,150	292,011	47,861	1/5	

En recherchant les causes de l'augmentation de la population et des richesses particulières et de la prospérité publique, beaucoup plus rapide dans ces divers départements que dans le Jura, on reconnaît que ces départements ont reçu sur les fonds du Trésor des allocations spéciales plus grandes, des faveurs particulières exceptionnelles multipliées, des primes pour la pêche, des sommes considérables pour travaux de navigation, pour les routes, les ponts, les quais; enfin qu'ils sont dotés de colléges royaux qui donnent le monopole des emplois publics aux populations des grandes villes; tandis que le département du Jura n'a pu faire admettre

7

par l'administration aucune des améliorations les plus nécessaires, ni obtenir la suppression des impôts extraordinaires qui le grèvent.

Le département du Jura, on ne saurait assez le redire, n'a ni le nombre ni l'étendue des routes royales qui lui seraient assignées par une équitable répartition, ni canaux, ni collége royal, ni place de guerre, etc. ; et cependant il est imposé pour toutes les dépenses consacrées à ces spécialités.

Les renseignements suivants feront mieux connaître l'urgence des réformes générales administratives, et la nécessité d'accorder au département du Jura, en réparation des pertes depuis long-temps éprouvées, des secours qui puissent assurer l'exécution du chemin de fer et le perfectionnement des grandes routes.

PREMIER TABLEAU.

Étendue en hectares des terrains cultivés, quantité et valeur des produits annuels et consommation des habitants du département du Jura.

La surface totale du département du Jura, de 496,929 hectares, est ainsi répartie :

DÉSIGNATION.	Étendue de la culture en hectares.	Produits annuels en hectolitres, déduction de la semence.	Valeur des produits annuels disponibles.	Consommation par an, en hectolitres ou kilogrammes.	Valeur des produits consommés.
Céréales.	h.	hectol.	fr.	h.	fr.
Froment	50,733.16	489,721	8,457,905	523,176	9,131,483
Métail.	4,864.06	42,924	443,539	50,521	531,416
Seigle.	3,815.11	34,531	377,641	37,061	405,956
Orge	16,149.78	166,684	1,573,016	239,518	2,291,571
Avoine	16,988.15	219,737	1,490,719	261,650	1,494,265
Maïs	15,858.65	249,239	1,836,336	200,163	1,785,371
	h.	hectol.	fr.	h.	fr.
Totaux des céréales.	108,408.91	1,199,830	14,179,356	1,312,089	15,640,062
	h.				
Vignes. . . .	18,992.04	Vins. . . 457,228	5,566,194	253,896	3,035,710
		Eau-de-vie 11,661	413,966	5,882	209,000
		Bière. . . 11,964	294,009	12,430	328,438
Cultures diverses.	h.	Sans deduct. des semence.	fr.	h.	fr.
Pommes de terre . .	11,413.92	770,423	1,519,373	672,991	1,341,115
Sarrasin.	854.54	13,278	86,736	11,746	76,792
Légumes secs. . . .	3,993.26	45,114	484,145	34,051	368,113
Jardinage.	1,721.13	»	1,142,059	»	1,142,059
Colza et Navettes . .	3,269.75	32,601	711,729	32,154	701,969
Lin–graines, filasses.	16.93	Graines . . . 101 / Filasses . . 3,610	7,616	Grains. . 66 / Filasses . 5,687 kil.	1,320 / 8,811
Chanvre–graines, fi–lasses.	1,744.31	Graines . 10,466 / Filasses . 707,472	725,641	Graines . 5,942 h. / Filasses 920,224 kil.	104,505 / 729,322
	h.		fr.		fr.
Totaux des cultures diverses	23,013.84	»	4,677,299	»	4,474,005
	h.		fr.		fr.
Totaux de toutes les cultures	150,414.79	»	25,130,824	»	23,685,215

DEUXIÈME TABLEAU.

Étendue en hectares des pâturages et bois, valeur totale de la production annuelle, dans le département du Jura.

DÉSIGNATION.	Étendue en hectares.	Valeur des produits annuels.	OBSERVATIONS.
Prairies naturelles . . .	57,901 h. 11 a.	5,447,945 fr.	(1) L'État possède en forêts royales 1,019,139 hectar. 64 ar. Le Jura, qui est la centième partie de la France, ne devrait avoir en forêts royales, que l'étendue proportionnelle en hectares, de. . . 10,191 h. 39 a. Il y en a . . 31.907 80.
Prairies artificielles. . .	14,049 98	1,612,454	
Jachères.	38,010 91	331,019	
Pâtis communaux . . .	64,477 84	370,748	
Landes et Bruyères. . .			
Total.	174,439 h. 84 a.	7,762,166 fr.	
			Il est donc grevé d'une charge triple, ces forêts étant affranchies d'impôts.
Bois et Forêts de l'État.	31,907 h. 80 a.	1,299,513 fr.	
Des Communes et des Particuliers	122,457 40	3,764,989	
Total.	154,365 h. 20 a.	5,064,422 fr.	

TROISIÈME TABLEAU.

Tableau représentatif, par département, du nombre des bestiaux, de leur poids, de leur valeur totale, de la consommation par habitant et par an.

INDICATIONS.	JURA.	NORD.	PAS-DE-CALAIS.	BAS-RHIN.	AISNE.	CÔTE-D'OR.
Nombre total du bétail, bœufs, vaches, etc.	161,000	226,000	174,944	140,713	112,835	144,176
Total des moutons, brebis.	46,219	210,834	365,845	75,469	983,115	499,759
Porcs	37,530	73,810	120,293	89,306	49,850	70,877
Chèvres	2,953	6,638	5,818	5,046	3,070	3,875
Total des chevaux	19,000	79,177	80,273	49,701	82,815	52,761
Mules et mulets	548	1,283	1,476	»	2,314	562
Anes et ânesses	967	5,489	5,702	97	10,486	3,301
Poids brut des animaux.	kilog.	kil.	kil.	kil.	kil.	kil.
Bœuf	332	458	289	459	430	405
Vache	187	346	259	261	253	200
Veau	28	53	54	45	58	38
Mouton	17	35	34	29	25	23
Valeur totale de chaque sorte d'animaux domestiques.	fr.					
Total des bœufs, vaches, taureaux, etc.	11,997,956	26,877,882	14,989,997	12,114,502	8,478,647	11,240,371
Total des moutons, brebis, etc.	243,797	3,988,031	5,968,050	685,145	14,797,714	5,914,460
Porcs	1,342,145	2,924,793	3,981,314	2,320,272	1,687,332	3,258,853
Chèvres	33,148	71,057	558,571	52,983	35,650	42,502
Chevaux	2,644,477	15,329,991	13,392,251	6,748,398	12,789,410	8,878,682
Mules et mulets	70,353	185,760	206,595	»	269,240	76,861
Anes et ânesses	35,911	220,544	256,933	3,255	504,420	125,709
Total général	fr. 16,767,787	49,598,058	39,253,714	21,624,615	38,762,413	29,538,458
Valeur totale de la viande consommée en une année	fr. 4,047,082	15,847,071	10,417,322	12,442,627	5,856,672	8,572,017
Tableau des consommations par habitant et par an.	En hectolitres. h.					
Total du froment, seigle, etc.	1.93	3.08	4.19	2.55	3.99	2,58
Orge, avoine, maïs, sarrasin	1.07	»	»	»	»	0.42
Pommes de terre	2.13	1.93	3.37	8.42	1.22	1.69
Légumes secs	0.11	0.20	0.63	0.06	0.06	0.06
Totaux en hectolitres	h. 5.24	8.19	8.19	11.03	5.27	4.75
Quantité de viande consommée annuellement par habitant	kil. 18.62	17.69	18.35	27.69	15.14	25.75

QUATRIÈME TABLEAU.

Recensement des cotes comprises aux rôles des contributions foncières dans plusieurs départements en 1815.

NOMBRE DES COTES.	Pour toute la France.	La 100e partie.	LES DÉPARTEMENTS					
			du Jura.	du Nord.	de la Seine.	de la Seine-Inférieure.	du Rhône.	de l'Eure.
Au-dessous de 5 fr...	3,205,411	52,054	61,337	102,776	17,272	26,910	31,884	89,448
De 5 à 10 fr. . . .	1,751,994	17,519	19,865	25,472	4,872	22,700	12,538	33,524
De 10 à 20 fr. . . .	1,514,251	15,142	17,414	33,534	5,458	23,784	11,830	17,308
De 20 à 30 fr. . . .	739,206	7,392	8,060	17,221	3,767	13,227	6,009	12,421
De 30 à 50 fr. . . .	684,165	6,841	7,070	16,813	4,948	15,287	6,249	11,216
De 50 à 100 fr. . . .	553,230	5,532	5,204	14,400	6,920	15,604	5,861	8,934
De 100 à 300 fr. . .	341,159	2,676	2,676	9,842	12,522	11,873	5,019	6,113
De 300 à 500 fr. . .	57,555	385	385	1,471	4,991	2,413	954	1,232
De 500 à 1000 fr. . .	33,196	174	174	834	4,141	1,522	668	828
De 1000 f. et au-dessus.	13,361	56	56	209	2,006	754	212	502
Totaux. . . .	10,893,528	108,930	122,241	221,552	66,897	134,071	81,044	181,516

REMARQUES SUR CES TABLEAUX.

Premier Tableau.

D'après les recensements officiels faits par l'administration, la valeur de la consommation en céréales, des populations du Jura, dépasse de 1 million et demi de francs la valeur de la production. Ce n'est donc pas sur le prix de la vente des céréales que les impôts peuvent être prélevés.

La différence entre la production et la consommation en vins et eaux-de-vie, portée par an à 2,735,000 fr., est exagérée. Le prix moyen du vin, dans le Jura, est tombé au-dessous du taux de l'évaluation officielle, depuis l'ouverture du canal du Rhin au Rhône, qui transporte en Alsace, ancien débouché des produits du Jura, tous les vins plus généreux de Saône-et-Loire et du Rhône, et qui se vendent à bas prix.

La valeur des produits des autres cultures diverses est à peu près égale à celle de la consommation annuelle; il n'y a donc aucun prélèvement à faire sur ces récoltes pour acquitter les impôts du département du Jura par la vente à l'exportation.

Ainsi, de toutes les récoltes mentionnées dans le premier tableau, celles des vins et eaux-de-vie sont les seules qui donnent un excédant, dont la destination peut être consacrée à l'acquittement d'une partie des contributions publiques, sans réduire forcément la consommation.

Mais cet excédant est indispensable pour acquitter les charges à payer par les habitants du Jura au dehors du département; par exemple, les frais d'éducation des enfants dans les colléges royaux, et l'achat de marchandises de toute nature que les populations doivent importer du dehors, tels que livres, denrées coloniales, métaux, toiles, draps, etc.

On ne peut donc absorber par les contributions tout ou partie de l'excédant des vins et eaux-de-vie sans condamner beaucoup d'habitants à faire le sacrifice du nécessaire.

Deuxième Tableau.

Le second tableau pourrait donner lieu à des illusions, que quelques réflexions dissipent rapidement.

Les prairies naturelles et artificielles, d'une valeur annuelle de 7 millions, ne sont pas des valeurs imposables, parce que ces produits sont consommés en totalité par les bœufs et chevaux employés à l'agriculture.

Le département du Jura ne peut exporter de foin, parce qu'il manque de rivières canalisées; ces produits sont uniquement consacrés à la nourriture des chevaux et des bœufs employés à l'exploitation du sol, et ne peuvent servir à payer les impôts.

Il en est à plus forte raison des jachères, qui, loin de produire, occasionnent des dépenses de culture.

Quant aux landes et aux bruyères, les évaluations en sont encore fort exagérées.

Enfin les produits annuels des bois des communes sont employés au chauffage des habitants, et ne doivent pas être considérés comme une valeur effective et imposable.

Les forêts royales, dans le département du Jura, sont de 31,907 hect. 80 ares, dont le produit est évalué à 1,299,513 fr.; ainsi le Trésor possède en excellents terrains et en plaines, comme la forêt de Chaux, une étendue de plus de moitié de la totalité des terrains cultivés en froment, presque le double de l'étendue des vignes; il retire un produit égal au tiers de celui de ces cultures; cependant il n'est compris dans aucune des dépenses ou charges départementales, et les impôts du Jura ne sont pas diminués en raison de cette propriété du Trésor.

On ne peut se défendre de surprise et d'un sentiment pénible que soulève une injustice flagrante, lorsque l'on acquiert la preuve, par les documents officiels, que l'État possède dans le Jura des bois trois fois plus étendus, terme moyen, que ceux des autres départements et les plus riches, et qu'il n'acquitte aucune contribution en raison de ces vastes propriétés, les plus belles du département.

La plupart des autres grandes forêts du Jura appartiennent à des propriétaires absents, dont les revenus, dépensés hors du département, ne tournent donc point au profit des populations et ne leur facilitent pas les moyens d'acquitter les impôts.

Troisième Tableau.

1° Le département du Jura, relativement à son étendue et à sa population, a beaucoup moins de bestiaux que les cinq départements que nous avons choisis pour terme de comparaison. Ces bestiaux ont aussi moins de poids et de valeur; d'où il résulte que les produits nets sont bien plus faibles.

2° Les droits d'entrée des bestiaux dans les grandes villes et à Paris étant fixés par tête, le tarif est réellement de moitié en sus sur les bœufs et les vaches et double sur les moutons du Jura, pour un poids donné. Les bestiaux du Jura sont donc exclus de ces marchés.

La consommation moyenne par an d'un habitant du Jura (1) n'étant en blé que de 1 hectolitre 93, et en totalité, en céréales, maïs, orge, pommes de terre, que de 4 hect. 24, on doit conclure, de la comparaison des chiffres du tableau, que si l'habitant du Jura employait à sa nourriture 3 hect. 08 de blé, et 5 hect. 21 de toutes denrées, comme l'habitant du Nord, ou 4 hect. 19 de blé, et 8 hect. 19 comme celui du Pas-de-Calais, ou seulement un hectolitre de blé de plus par an et par tête, l'augmentation de la valeur annuelle de la consommation du département du Jura serait de 315,000 hectolitres de froment, du prix de 6,300,000 fr.

Dans ce cas, le département du Jura serait dans l'impossibilité de payer ses contributions. C'est donc, en définitive, sur le plus strict nécessaire de la nourriture des habitants que sont prélevées les contributions publiques.

C'est donc à l'exagération des contributions qu'il faut attribuer le malaise du département du Jura et son état stationnaire qui se manifeste de toute part par des signes irrécusables.

L'exécution du chemin de fer de Lons-le-Saunier à Châlons devant diminuer considérablement les frais de transport des produits du Jura exportés, particulièrement des vins, et ceux des marchandises importées, augmenterait les revenus nets des habitants et les ressources qui leur sont laissées pour acquitter les contributions publiques.

---

(1) La consommation moyenne d'un habitant du Jura en viande est, par an, de. 18kil. 62

Celle d'un soldat est, par an, de. 91   "

Celle d'un prisonnier. 46   "

Quatrième Tableau.

Le quatrième tableau donnant la comparaison du recensement des cotes de contributions foncières du Jura, avec celles de la France entière et de quelques départements, fait connaître que le département du Jura, où l'impôt foncier est le quart des revenus nets, a relativement beaucoup moins de contribuables à 100 fr., à 1,000 fr. et au-dessus, qu'un grand nombre de départements seulement imposés au dixième du revenu. Les charges exorbitantes et exceptionnelles qui pèsent sur le Jura, ruinent chaque année beaucoup de propriétaires, dont les biens sont vendus et morcelés à l'infini.

Ce département ne peut payer les contributions qui l'accablent, qu'en prélevant l'impôt sur le nécessaire ! cette situation exceptionnelle, déplorable, oblige beaucoup d'habitants à s'émigrer, et condamne la plupart des autres à une vie pénible, de privation, de sacrifices sans compensation ; le gouvernement refuse toute faveur, toute justice administrative au Jura, et dispense largement les contributions exceptionnelles prélevées sur ce département, à doter les départements privilégiés de routes dites royales, de ponts suspendus, de fortifications, de casernes, de collèges royaux, de monuments superbes, profitables uniquement à ces populations, dont elles ne paient que leur contingent, et reçoivent beaucoup plus qu'elles ne paient.

Le département du Jura n'ayant jamais été compris dans les distributions des fonds consacrés aux travaux et dépenses de cette nature, il est en droit de demander qu'enfin l'État assure l'exécution du chemin de Lons-le-Saunier à Châlons, et de plusieurs autres améliorations depuis long-temps et souvent réclamées par les autorités du département du Jura.

CONCLUSION.

Lorsque les États représentatifs sont parfaitement réglés, une prospérité extraordinaire se révèle de toutes parts : on voit des villages se transformer en villes ; des petites villes en cités manufacturières, riches, grandes ; les rivières torrentielles en canaux navigables ; les routes ordinaires en chemins de fer ; on voit s'élever beaucoup de monuments utiles ; des fabriques multipliées et sur de grandes échelles ; des châteaux, des églises, de belles résidences ; enfin des améliorations diverses et sans nombre.

Dans le Jura, au contraire, on remarque, dans les petites villes, des maisons abandonnées, d'anciens châteaux-forts en ruines ; dans les campagnes les grandes propriétés sont vendues par parcelles, les grandes habitations démolies ; les populations stationnaires ou décroissantes ; des routes presque impraticables et désertes. Telle est l'action incessante et destructive des impôts exagérés et surtout d'une centralisation excessive ; fléaux terribles qui provoquent les hostiles projets de l'étranger, et concourent aussi puissamment que les invasions à tous les désastres.

Le département du Jura, considéré sous tous les rapports, a été placé, par les divers gouvernements successifs, dans une situation injustement exceptionnelle. Tandis que l'État dispense, avec splendeur, les produits des contributions publiques au profit de quelques localités, ou des industries privilégiées, il impose au Jura des surtaxes, contrairement à la Charte. Aux manufacturiers et aux commerçants des ports, il accorde des primes d'encouragement et de sortie, et, au contraire, il frappe les productions du Jura, particulièrement les vins, les eaux-de-vie, d'impôts exceptionnels dits de mouvement, de consommation. Tandis qu'il fait exécuter aux frais du trésor les routes stratégiques de la Vendée, les travaux des ports, des chemins de fer dans les départements les plus riches, il refuse de déclarer royales les grandes routes du Jura, allant de l'intérieur de la France en Suisse et en Italie ; il prétend les laisser à la charge du département, parce qu'il faut des sommes énormes pour les rendre praticables.

Parce que la ville de Lons-le-Saunier n'a pas de canaux, de chemins de fer, et ne peut espérer encore l'établissement de manufactures, sa

population est presque stationnaire; et parce que la population du chef-
lieu n'est et ne peut être, dans l'état actuel, que de 8,000 âmes, le département du Jura tout entier est mis de troisième classe ; tous ses fonc-
tionnaires sont dès lors moins rétribués, et on n'accorde au Jura que
quatre députés au lieu de cinq qu'il devrait avoir, en raison de son
étendue et de sa population.

Les mines de sel de Lons-le-Saunier, abondantes, inépuisables, n'ont
été, jusqu'ici, qu'une occasion, non de richesses, mais de surtaxe exorbitante.

La population du Jura ne peut payer les contributions de toute nature,
qu'en s'imposant les plus rudes sacrifices, en se condamnant à une nourriture grossière, en renonçant à donner à la jeunesse une éducation nécessaire ; de là cette conséquence déplorable que la jeunesse du Jura,
appelée sous les drapeaux, ne peut arriver directement aux grades d'offi-
ciers, et se trouve sous les ordres des jeunes gens des villes, qui reçoivent
gratuitement du gouvernement le monopole de l'instruction, des emplois
publics, des faveurs, des retraites. Enfin beaucoup d'enfants du Jura,
pour soulager leurs familles épuisées, s'engagent et partent en remplacement des jeunes gens des départements enrichis par les prédilections in-
justifiables du gouvernement.

Pour affranchir le département du Jura d'une si dure condition, qui
reproduit les charges de la féodalité, la population éclairée a pris la réso-
lution de s'associer pour assurer l'exécution du chemin de fer, la canalisation des rivières, le perfectionnement des voies de communication, et
procurer à ce département des moyens puissants de prospérité.

La Société qui s'est organisée pour soumissionner particulièrement
l'entreprise, aux conditions indiquées, du chemin de fer de Lons-le-
Saunier à Châlons, donnera, dans le département du Jura, un premier
et grand exemple destiné à bientôt émanciper le Jura de l'oppression financière et administrative, qui, depuis cinquante ans, a épuisé toutes les
ressources de ce beau pays, favorisé par le sol, le climat et par le génie de
ses populations.

Si l'administration refuse d'accorder à l'entreprise du chemin de fer de
Lons-le-Saunier à Châlons, votée par le conseil général du Jura, les encou-
ragements et les garanties données aux compagnies des chemins de fer de
Strasbourg à Bâle, de Paris à Orléans, de Paris à Rouen, ouverts dans

les contrées les plus riches ; si elle continue à refuser au Jura les améliorations indispensables, la canalisation des rivières, le classement des routes, etc., les populations auront à s'enquérir quels sont les bénéfices, pour les contrées éloignées de la capitale, d'une centralisation administrative si excessive ; quels sont les avantages que le département du Jura, par exemple, peut retirer d'une somme de quatorze millions payée, chaque année, en impôts divers, et consacrée aux dépenses de l'Algérie, des colonies, de la marine, de l'instruction publique, aux embellissements des villes, et qui ne profitent ni directement ni indirectement aux habitants de nos montagnes, sans défense, sans protection contre l'ennemi, sans améliorations intérieures.

La vie d'une nation, comme celle d'un être organisé ou d'une plante, comme le mouvement de l'admirable système du monde, exige la combinaison harmonieuse de deux forces : l'une de centralisation et d'attraction au centre, l'autre centrifuge, qui pousse à la circonférence ; suspendez quelques instants cette puissance qui refoule le sang du cœur dans l'homme jusqu'à l'épiderme de tout le corps, qui fait circuler la sève des racines aux feuilles, comme des feuilles aux racines, imaginez aussi que la force centrifuge dans les astres est arrêtée, et aussitôt l'homme et la plante, sans mouvement, seront frappés de paralysie, le ciel retombera dans le chaos : il en sera ainsi de tout corps social qui sera privé de cette force indispensable de refoulement de l'élément vital du centre aux extrémités.

L'action fécondante reportant la vie aux extrémités, est éteinte et absorbée, en France, par une administration imprévoyante, et les départements-frontières sont comme desséchés et frappés de paralysie.

Il est temps enfin de compter avec les quarante-trois départements en montagnes, jusqu'ici délaissés, avec la population des campagnes de 30 millions d'âmes, et de chercher à employer à leur profit leurs impôts, trop long-temps consacrés à des dépenses stériles, à des monuments improductifs, à des expéditions avantureuses, à ces travaux gigantesques de Cherbourg, de Paris, qui ruineront nos finances.

Le Jura surtout doit appeler les sollicitudes du gouvernement. Il a perdu déjà la plus grande partie du commerce entre Lyon et Strasbourg, qui suivait les routes de terre et lui procurait les moyens d'acquitter les impôts. Le grand canal du Rhône au Rhin achevé, et les perfectionnements de la navigation de la Saône, vont lui ravir les derniers transports ;

en sorte qu'il faut ou réduire les impôts, ou autoriser le chemin de fer projeté, destiné à lui donner une grande prospérité. Ainsi la prévoyance, comme la justice, prescrivent d'assurer dans un court délai cette importante communication réclamée par le conseil général du département du Jura.

Les considérations présentées à l'appui du chemin de fer de Lons-le-Saunier à Châlons et du département du Jura, frappé d'impôts exceptionnels, et forcé de les prélever sur le nécessaire, intéressent de même quarante trois départements en montagnes ou frontières également délaissés, et surtout la France entière, menacée dans ses prospérités, sa puissance, sa nationalité, par les obstacles qu'apporte aux améliorations intérieures une centralisation administrative excessive, aveugle.

Si le chemin de fer de Lons-le-Saunier à Châlons, projeté dans les localités les plus favorables, ayant tant d'éléments de succès, est ajourné; si le gouvernement refuse d'encourager, d'aider une entreprise d'utilité publique, votée à l'unanimité par le Conseil général du département, recommandée par le préfet du Jura avec une vigilante sollicitude qui mérite la reconnaissance du département, il est impossible d'espérer que d'autres projets, plus étendus, dans d'autres départements, dans des circonstances moins heureuses, soient exécutés et même proposés; alors, il arrivera que la France se trouvera de plus en plus dépassée par les nations rivales dans cette vaste et féconde carrière de prospérité et de richesses. Les conséquences en seront désastreuses.

Par l'ajournement des chemins de fer, on verra languir et se fermer des usines à fer, des ateliers de construction de machines locomotives et à vapeur, et tous les établissements sans nombre qui en dépendent. La France, manquant de bateaux à vapeur, de mécaniciens, ne saurait, dans cet état d'infériorité, soutenir la lutte sur mer avec une puissance voisine souvent ennemie, toujours rivale et jalouse, ni même protéger nos côtes et nos ports, en cas de guerre, contre une marine qui disposera de plusieurs centaines de bateaux de guerre à vapeur; on verra encore notre brave marine plus intrépide, plus puissante, quant au personnel, qu'aux époques les plus glorieuses du règne de Louis XIV et de Louis XVI, forcée d'éviter le combat, parce que la marine anglaise, armée d'une nouvelle artillerie inventée en France, secondée de nombreux et puissants vaisseaux de guerre à vapeur, sachant attendre le calme et l'immobilité forcée des vaisseaux à voile, aurait une supériorité incontestable sur une flotte à voile, dépourvue de vaisseaux de guerre à vapeur, et agirait sur ces vaisseaux comme des vautours tombant sur des oiseaux sans ailes.

Il faut donc à notre marine des vaisseaux de guerre à vapeur nombreux; mais ces créations exigent des ateliers de construction multipliés, des mécaniciens expérimentés et habiles pour les établir, et les gouverner dans la paix comme en temps de guerre : et ces ateliers, et les mécaniciens, ne peuvent être encouragés et comme engendrés que par un grand nombre de chemins de fer en exploitation, qui nécessitent des machines locomotives multipliées et forment des mécaniciens les plus capables.

Ainsi, les obstacles apportés à l'exécution des chemins de fer, soit par les cahiers des charges exorbitants et vexatoires, soit par le refus de concours et de subvention, doivent être envisagés comme des calamités, des fléaux publics qui présagent le plus sombre avenir.

Espérons que les hautes protections acquises au projet de chemin de fer de Lons-le-Saunier à Châlons, depuis peu soumis à l'examen de M. le ministre des travaux publics, triompheront bientôt de toutes les oppositions subalternes, et ouvriront un nouvel avenir au département du Jura.

Paris, le 1er mars 1841.

J. CORDIER,
Député du Jura.

TABLE DES MATIÈRES.

	Pages.
Vote du Conseil général du Jura.	1
§ 1. Nécessité pour la France d'établir un système complet de chemins de fer.	9
§ 2. Nécessité pour le gouvernement de ne point exécuter de chemins de fer aux frais du Trésor.	12
§ 3. Nécessité d'établir promptement un chemin de fer de Lons-le-Saunier à la Saône.	13
§ 4. Du point d'arrivée sur la Saône.	18
§ 5. Direction et stations du chemin de fer.	20
§ 6. Dimensions et dispositions des principaux ouvrages.	26
§ 7. Dépenses du chemin de fer.	28
§ 8. Tarif du chemin de fer.	30
§ 9. Évaluation de la recette brute et nette.	32
§ 10. Clauses principales de l'acte de concession.	35
§ 11. Droits de Lons-le-Saunier et du Jura à obtenir le concours du gouvernement.	36
Note A. Considérations à l'appui de la réunion de deux concessions du chemin de fer et de la mine de sel gemme de Mont-Morot.	41
Note B. Renseignements statistiques officiels qui constatent que le département du Jura est presque stationnaire et relativement rétrograde, et que les impôts s'élèvent au-delà des revenus nets et sont prélevés en partie sur le nécessaire.	46
Conclusion.	59

FIN DE LA TABLE.

IMPRIMERIE DE BOURGOGNE ET MARTINET,
RUE JACOB, 30.